DAS BUCH

Als erste Frau der Welt gelang ihr, was keine Frau zuvor gewagt hatte:
Amelia Earhart überquerte 1932 als Erste im Alleinflug den Atlantik.
Sie erkämpfte sich in von Männern dominierten Zeiten Weltruhm
und die Ehrung ihrer Leistungen. Die außerordentlich zähe und
eigenwillige Pilotin erreichte immer, was sie sich in den Kopf gesetzt
hatte: »Ich fliege selbst«, hielt sie denjenigen entgegen, die sie ledig-
lich als schmückende Passagierin sehen wollten. Sie kämpfte unab-
lässig für die Gleichberechtigung der Frauen und ließ dabei auch gän-
gige gesellschaftliche Moralvorstellungen hinter sich. Ihr Ehrgeiz
beschränkte sich nicht nur auf ihre eigenen Leistungen als Pilotin, sie
ermutigte in ihren Büchern auch andere Frauen, ihren Traum vom
Fliegen in die Tat umzusetzen. So hielt sie schon als jugendliche Einzelgängerin ihren Kurs genauso fest im Blick wie später als medien-
wirksam inszenierte »Lady Lindy«. Die Treue zu sich selber war ihr
Lebensprinzip. Die Heldin der Lüfte, die schon zu ihren Lebzeiten ein
Mythos war, startete 1937 ein letztes Mal – und verschwand spurlos
über dem Pazifik.

DIE AUTORIN

Dr. Monika Keuthen ist Historikerin und Geographin. Sie arbeitet als
freie Autorin und lebt in Zell an der Mosel. Von ihr sind in unserem
Hause bereits die Biographien über Christiane Vulpius und Paula
Modersohn-Becker erschienen.

Monika Keuthen

»Fliegen heißt, ganz frei zu sein«

Amelia Earhart

LIST TASCHENBUCH

List Taschenbücher erscheinen im Ullstein Taschenbuchverlag, einem
Unternehmen der Econ Ullstein List Verlag GmbH & Co. KG, München
Originalausgabe
1. Auflage 2001
© 2001 by Econ Ullstein List Verlag GmbH & Co. KG, München
Lektorat: Ulrike Meiser
Umschlagkonzept: HildenDesign, München – Stefan Hilden
Titelkonzept und Umschlaggestaltung: Büro Meyer & Schmidt, München
Jorge Schmidt (Tabea Dietrich, Costanza Puglisi)
Titelabbildung: Keystone, Hamburg
Satz: Josefine Urban – KompetenzCenter, Düsseldorf
Druck und Bindearbeiten: Clausen & Bosse, Leck
Printed in Germany
ISBN 3-548-60052-2

»Ich jedenfalls hoffe, dass Frauen eines Tages keine Benachteiligungen auf Grund ihres Geschlechts mehr erfahren werden, sondern dass sie so frei und unabhängig sein werden, ihr Leben zu leben, wie die Männer es sind – unabhängig von dem Kontinent oder der Nation, in der sie leben.«

Amelia Earhart

Inhalt

Amelia Earhart ist eine außergewöhnliche Frau. Sie kam am 24. Juli 1897 in Atchison, einem kleinen Ort im Mittelwesten der Vereinigten Staaten, zur Welt. Eine Nationalität, die zu ihrer Berühmtheit beigetragen haben mag. Ihr Geburtsdatum datiert ins 19. Jahrhundert, und das macht sie in jeder Hinsicht bemerkenswert. Bemerkenswert deshalb, weil sie für ihr Leben alle Fesseln des viktorianischen Zeitalters, das Amerika in diesen Jahren prägt, zu sprengen versteht.

Obwohl ein Kind der Provinz, gehen die Ströme der Zeitläufte – sie schreien vehement nach neuen Ufern – nicht spurlos an ihr vorüber. Schon in jungen Jahren lässt sie erkennen, dass sie das Außergewöhnliche liebt. Dass sie einmal, Charles Lindbergh gleich, zu Amerikas Flugpionieren gehören wird, kommt erst später zum Tragen, wiewohl der Hang zum Extremen ihr von Anfang an zu eigen ist. Verstärkend kommt hinzu, dass sie zwar zeitweilig eine wohlhabende Mutter, aber einen schwachen, wenngleich intelligenten Vater hat, wodurch sie früh erfahren muss, dass das Leben aus Gegensätzen besteht, die auszuhalten schwierig ist.

Sie ist eine, die sich über Grenzen hinwegsetzt. In jeder Hinsicht und auf jeden Fall, sollten ihre Überzeugungen, und davon hat sie viele, ihr die Auflehnung ratsam erscheinen lassen. Sie verfügt aber auch über eine konventionelle Art und Weise aufzutreten, wodurch ihr Türen geöffnet werden, die anderen verschlossen bleiben. Bis hin nach Washington ins Weiße Haus.

Entscheidend wird für sie ein Mann: Verleger George Palmer Putnam aus New York, der ihre kühnsten Träume zum Leben erweckt. Ohne ihn wäre sie vielleicht nicht wirklich berühmt geworden. Mit ihm steigt sie zur Kultfigur empor, wird sie zur Ikone der Roaring Twenties, die nach Helden giert. Sie heiratet den Verleger 1931 sogar, nachdem er hartnäckig sechs Anträge platziert. Und damit beginnt eine Verbindung, der Biographen im Allgemeinen so etwas wie Schicksalhaftigkeit bescheinigen.

Unter seiner Ägide wird sie ein Star. Fliegen allerdings, das muss sie selbst. Weil sie dieses Muss in sich hat. Sie ist die erste Frau, die den Atlantik überquert. Sie fliegt über den Pazifik. Sie fliegt entlang des Äquators, rund um die Welt. Weil sie allein es will. Und das in einer Zeit, in der Fliegen das Alleraußergewöhnlichste überhaupt ist, Männer unangefochten das Sagen haben, Frauen Kinder kriegen und ihren Männern den Tisch bereiten.

Mut ist der Preis, so heißt es in einem ihrer selbst geschriebenen Gedichte. Nahezu selbstmörderischer Mut ist in der Tat der Preis, mit dem sie in ihrem Leben bezahlt. Bedingungslos und im vollen Bewusstsein der Risiken setzt sie alles aufs Spiel, als sie mit knapp vierzig Jahren 1937 zum Weltflug aufbricht und ihren Mann nebst modernster Technik in Amerika zurücklässt. Sie kommt von diesem Flug, es ist ihr letzter, nie mehr zurück. Verschollen am 2. Juli 1937 vor Howland Island im Pazifik.

Ihr spurloses Verschwinden macht sie jedoch berühmter, als ein letzter Erfolg es vielleicht zustande gebracht hätte. Von Scheitern kann keine Rede sein. Sie wird zur Legende.

Amerikanern gilt sie als gute Patriotin, Flieger bestaunen ihre Rekorde, Frauen rund um den Erdball feiern sie über diesen Tag hinaus als Weltverbesserin auf höchstem Niveau. Sie ist geflogen, weil sie es wollte. »For the fun of it«, wie sie immer wieder betonte. Das Besondere an Amelia Earhart aber ist, dass sie es nicht nur sich selbst zuliebe tat, sondern von Anfang an eine Mission damit verknüpfte.

Sie hatte eine Vision, in der die Frauen, die zu ihrer Zeit noch selbstverständlich Kuchen backten, einmal so selbstbestimmt und gleichberechtigt leben, wie die Männer es sind. Ganz im Sinne ihrer Worte, die sie an George Palmer Putnam 1937 während ihres Weltflugs nach Amerika schrieb. Sie formuliert darin, was sie zeitlebens berührte: Frauen müssten versuchen zu tun, was Männer bereits getan haben. Wenn sie scheiterten, dann müsste ihr Scheitern eine Herausforderung für andere sein, weiterzumachen.

Dafür war sie nicht zuletzt auch im Namen von Zonta International, einem 1919 in den USA ins Leben gerufenen weltweiten Zusammenschluss berufstätiger Frauen mit dem Ziel, die Stellung der Frauen in politischer, rechtlicher, wirtschaftlicher und beruflicher Hinsicht zu verbessern, bereit, Rekorde zu brechen, Stunts zu fliegen und in Washington ihre Stimme zu erheben. Für ihr persönliches Scheitern, das trotzdem ein Sieg war, musste sie sich ihrem letzten Abenteuer, dem Weltflug, stellen.

Zell, im Januar 2001
Monika Keuthen

1. Kapitel

Kindheit im Viktorian Style

Der Wilde Westen gilt als gezähmt, seit die letzten Sioux die Schlacht in Wounded Knee/South Dakota am 29. Dezember 1890 verloren. Als hätten ihre Eroberer den Sieg der Weißen über die Indianer geahnt, lässt die US-Zensusbehörde bereits kurz vor diesem geschichtsträchtigen Datum in Washington erklären, die »Frontier« habe praktisch aufgehört zu bestehen, die »wandernde Grenze« existiere nicht mehr. Eine bemerkenswerte Offenbarung, denn ein Amerikaner wird niemals im Leben damit zurechtkommen, keine Grenzen zu bezwingen. Wo alte Grenzen verschwinden, müssen sich neue Ufer auftun! Ein amerikanisches Naturgesetz! Nachdem sowohl der Bürgerkrieg (1861–65) als auch die Indianerfrage geklärt sind, revolutioniert die Wirtschaft das Gesicht der Vereinigten Staaten dermaßen, dass das Land in den Jahren zwischen 1865 und 1900 zur führenden Industrienation der Welt emporsteigt. Die neue Grenze liegt nicht mehr im Westen, sondern sie kommt in Gestalt der großen Geschäfte daher. Vor allem im Nordosten des Landes, in Neuengland, vollzieht Amerika den Wandel zur Hochindustrie. Kartelle, Trusts und Holdinggesellschaften dominieren dort, wo im 17. Jahrhundert an Bord der Mayflower die ersten Pilgrims, aus England kommend, landeten und die ihnen bald nachfolgenden Puritaner westwärts drängten.

Die neue Grenze, die nunmehr die mächtigen Wirtschaftsbosse bestimmen, glaubt an nichts als an den Fortschritt. Laisserfaire lautet ihre Maxime, nach deren Gesetzen die Gewinne zu steigern sind. Seit den frühen 1870er Jahren melden sich jedoch bereits die ersten Kritiker zu Wort, denen das hektische Gewinnstreben zu geistlos erscheint. Einer von ihnen ist Mark Twain, der mit seinem Buch »The Gilded Age« 1873 die Befindlichkeiten des neuen Zeitalters, das seinen Schatten bis in die Roaring Twenties hinauswirft, treffsicher ausmalt und einer ganzen Epoche den Namen gibt. Vergoldet, nicht golden.

Idyllisch, bürgerlich und viktorianisch gibt sich unterdessen noch immer das Landleben jenseits der Hochindustrie und diesseits von Ackerbau und Viehzucht. Atchison in Kansas ist so ein Nest in der Provinz, wo honorige Familien den Ton angeben, die Kirche fest verankert und Moral statt großer Geschäfte ganz selbstverständlich ist. Dort steht die Wiege, in die Amelia Earhart im Sommer 1897 hineingeboren wird, an der Schwelle zum 20. Jahrhundert, das ganz sicher neue Ufer und stetig voranschreitende Grenzen beanspruchen und ein amerikanisches sein wird.

Amy Earhart ist 1897 mit Kutscher und Droschke, den Statussymbolen des alten Amerika, unterwegs zu ihren Eltern nach Atchison/Kansas. Dort, in einem der ältesten Häuser von Atchison, will sie ihr Kind zur Welt bringen. Ihr Vater, Richter Alfred Otis, gehört zu den führenden Persönlichkeiten des

Ortes. Keinen ehrenwerten Posten, den Alfred nicht in Händen hält, schießt es Amy durch den Kopf. Ihr Vater, der Richter am US-District Court, der Amtsvorsteher der Trinity Episcopal Church, der Präsident von Atchisons Savings Bank und so weiter, und so weiter.

Alfred ist imposant und wohlhabend. Amy liebt das weitläufige Haus ihrer Eltern sehr. Nur dort, in der eleganten Villa unweit von den Ufern des Missouri, glaubt Amy aushalten zu können, was in der nächsten Zeit auf sie zukommen werde. Besonders, weil sie bereits eine Fehlgeburt hinter sich hat und in ihrem Mann Edwin, einem glücklosen Juristen im zwanzig Kilometer entfernten Kansas City, keinen brauchbaren Beistand für ihre Niederkunft sieht.

Alfred war von Anfang an der Meinung gewesen, Edwin werde es zu nichts bringen. Er tauge nicht zum Karrierejuristen. Und einen solchen hätten ihre Eltern natürlich gerne als Schwiegersohn gesehen. Mit Edwin allerdings werde Amy niemals glücklich werden. Insgeheim hält Alfred seinen Schwiegersohn für einen Versager. Dass beide Männer Juristen sind, kann an der ablehnenden Haltung Alfreds nichts ändern. Im Gegenteil. Gerade diese berufsständische Gemeinsamkeit lässt in Alfred die abfälligen Gedanken über Edwin aufkommen. Doch Amy liebt ihren Edwin und so wird sie wieder zu ihm gehen. Da ist sich Amy ziemlich sicher, als sie in die 223 North Terrace Street in Atchison einbiegt.

Gepflegt wie immer, liegt das zweistöckige Otis-Anwesen mit den hohen Fenstern und der repräsentativen Überdachung des Hauptportals, die auf acht schlanken Säulen ruht, vor ihr. Eine leichte Brise zieht vom Fluss jenseits der Straße herauf. Die alten Bäume werfen ihre kühlenden Schatten hin zur Villa, die den herben Charme Neuenglands versprüht.

Amy atmet noch einmal tief durch, bevor sie ins Haus hineintritt. Sie kann sich lebhaft vorstellen, wie ihre Mutter, Amelia Harres Otis, die ursprünglich aus Philadelphia stammt, sie so-

14

Amelia Earhart – die erste Frau, die mit einem Flugzeug den Atlantik überquerte. Sie verscholl 1937 spurlos und wurde zum Mythos.
(Foto: ap, Frankfurt am Main)

gleich in Beschlag nehmen und keineswegs dulden wird, dass ihre erwachsene Tochter irgendetwas anders macht, als sie vorschlägt. Trotzdem. Hier in Atchison, in der Otis-Villa, soll ihr Kind auf die Welt kommen, nachdem ihre erste Schwangerschaft in Kansas City durch einen Straßenbahnunfall vorzeitig zu Ende ging. Amy ist dreiundzwanzig Jahre alt und will diesmal alles tun, um eine glückliche Geburt zu erleben. Auch wenn Amelia Harres Otis, die immerhin sechs Kinder geboren hat und eine strenge große Dame ist, ihr in der nächsten Zeit wahrscheinlich das Leben zur Hölle machen wird.

Doch Amy will auf jeden Fall tapfer sein. Am 24. Juli 1897 kann sie sich endlich entspannt zurücklehnen, nachdem sie Stunden zuvor körperliche Schwerstarbeit geleistet hat. Sie ist stolze Mutter einer Tochter. Ihr Name lautet: Amelia Mary Earhart. Amelia nach Amys Mutter und Mary nach der Mutter von Edwin, dessen Vorfahren väterlicherseits ihre Wurzeln in Deutschland haben. Ein hübsches Kind mit blonden Haaren und graublauen Augen. Es sind ausgesprochen wache Augen, die an diesem Sommertag in Atchisons ältestem Haus aus der Wiege blicken. Und Richter Otis kann stolz sein auf sein Enkelkind, auch wenn er dessen Vater einen Nichts schimpft.

Amelia wird nämlich, wenn sie groß ist, Amerikas erste Pilotin sein, die über den Atlantik fliegt. Sie wird mit Ehrungen und Auszeichnungen überschüttet werden, und am Tag ihres Verschwindens vor Howland Island im Pazifik, 1937, kurz vor ihrem vierzigsten Geburtstag, wird Präsident Roosevelt sechzehn Tage lang mit allen technischen Möglichkeiten, die Amerika zu bieten hat, nach ihr und ihrer in den Fluten des Ozeans vermuteten Lockheed Electra samt ihrem Navigator Fred Noonan suchen lassen. Im Jahr zuvor haben die Amerikaner Howland Island erworben und eigens für die Earhart einen Flugplatz auf diese winzige und gottverlassene Sandbank bauen lassen, um sie bei ihrem letzten großen Unternehmen, dem Flug um die Welt, zu unterstützen.

Die Suchaktion im Ozean, auf halber Strecke zwischen Neu-guinea und Hawaii, an der zehn Schiffe, sechsundsechzig Flugzeuge und viertausend Mann Besatzung teilnehmen, bleibt 1937 erfolglos, obwohl Roosevelt sich die Aktion über vier Millionen Dollar kosten lässt. Für einen Mythos. Und mit dem Mythos gedeiht natürlich die Legende.

Amelia Earhart sei eine geheime Spionin und im Auftrag der Regierung unterwegs gewesen, um im Südpazifik die Krieg treibenden Japaner unter die Lupe zu nehmen, sagt man. Die-se hätten sie vom Himmel geholt und verschleppt. Sie sei ge-zwungen worden, während des Krieges als »Tokyo Rose« amerikanische GIs anzufunken. Nicht ausgeschlossen sei auch, dass die Amerikaner sie nach 1945 befreit, ihr eine neue Identität gegeben und heimlich nach Amerika zurückgebracht hätten. Die Earhart solle seitdem in den Staaten leben, von allen unerkannt.

Einer anderen Version zufolge soll es ihr gelungen sein, sich bei ihrem Absturz auf eine kleine südpazifische Insel zu retten, wo sie noch Jahre danach mit einem einheimischen Fischer zusammengelebt hätte...

Richter Otis ahnt am 24. Juli 1897 von alledem nichts. Atchi-son ist ein Provinznest, und als frisch gebackener Großvater hofft er auf eine bürgerliche Zukunft seiner Enkelin, mit schöngeistiger Bildung und mädchenhafter Attitüde. Ähnli-che Wünsche hegt natürlich auch seine Frau. Amelia ist aber nicht bloß ein hübsches Mädchen mit schönen Augen. Sie weist noch eine weitere Besonderheit auf, die ihre Familie in größtes Entzücken versetzt: Sie hat auffallend schöne, fein-gliedrige und schlanke Hände. Ungewöhnlich für ein neuge-borenes und ansonsten pausbäckiges Kind. Vielleicht werde sie sogar zu einer begnadeten Klavierspielerin heranwachsen, denkt fast jeder, der das hübsche Mädchen sieht.

Die Otis' sind überglücklich, zumal Amy, Amelias Mutter, Al-freds Lieblingstochter ist. Auch wenn sie diesen Edwin gegen seinen Willen geheiratet hat. Mit der neuen Verantwortung als Vater werde ihr Schwiegersohn sich möglicherweise ändern, besänftigt die alte Dame ihren Mann. Kansas City, neben St. Louis die zweite Stadt von Bedeutung im Nachbarstaat Missouri, biete für einen Juristen zahlreiche Chancen. Er müsse ja nicht ewig sein Dasein als Angestellter fristen. Vielleicht werde Edwin sich doch noch als Anwalt selbständig machen. Amy bleibt bis zur Taufe von Amelia im Oktober bei ihren Eltern. Dann kehrt sie mit Kind und Koffer zu Edwin nach Hause zurück.

Kansas City. Die Doppelstadt an der Mündung des Kansas River in den Missouri gehört sowohl zum Staate Kansas als auch zu Missouri. Die Grenze verläuft hier mitten durch die Stadt. In den dreißiger Jahren des 19. Jahrhunderts kam der Wohlstand dorthin, wo vorher nichts als Prärie war. Kansas City war damals wichtiger Haltepunkt für die riesigen Planwagentrecks auf dem Weg nach Westen. Der Bürgerkrieg bereitete dem prosperierenden Wohlstand zwar ein jähes Ende, doch mit dem Ausbau der Eisenbahn in den siebziger Jahren erholte sich die Stadt wieder und erlebte einen gigantischen Aufschwung als Viehverladestation für die riesigen Viehherden aus Texas. Viehhöfe und Schlachtereien schossen aus dem Boden. Kneipen, Bordelle und Spielhöllen gedeihen seitdem ebenso wie prachtvolle Boulevards, Springbrunnen, Verwaltungsgebäude und die Universität. Für Richter und Anwälte gibt es unvermindert viel zu tun.

Fünf Jahre sind sie bereits zusammen gewesen, bevor sie am 16. Oktober 1895 den Weg zum Traualtar fanden. Ihr Haus ist ein Geschenk von Amys Vater. Edwin ist tatsächlich das Gegenteil von Alfred. Gutaussehend, witzig, verwegen. Eigentlich ist er ein Draufgänger, doch er ruht nicht in sich selbst. Noch verfügt er über die notwendige Skrupellosigkeit, um den großen Erfolg zu haben oder über ein Elternhaus, das Alfred die Zuneigung erleichtern könnte. Er ist das jüngste von zwölf Kindern eines mittellosen Predigers und Farmers.

Amy lernte Edwin damals durch ihren Bruder kennen. Zu der Zeit, als er sich sein Studium selbst verdienen musste. Mit Schuhe putzen, Heizkessel bauen und Tutorentätigkeit für mäßig fleißige Studenten der University of Kansas Law School. Amys Bruder Mark gehörte zu denen, die zu Edwin kamen, um ihre bescheidenen Jurakenntnisse aufzufrischen. Mark fand in dieser Zeit Gefallen an Edwin und lud ihn kurzerhand zu Amys Geburtstagsparty nach Atchison ein, als Amy sechzehn wurde. Zwischen Amy und Edwin funkte es vom ersten Augenblick an, doch Richter Otis verweigerte seine Zustimmung zur Heirat. Edwin müsse mindestens fünfzig Dollar im Monat verdienen, sonst werde er der Verbindung zwischen beiden niemals zustimmen. Und bis Edwin das vorweisen konnte, vergingen ganze fünf Jahre.

Amys Haus in Kansas City ist klein und möbliert. Weit entfernt von der Weitläufigkeit der Otis-Villa in Atchison. Edwin arbeitet in der Rechtsabteilung des Rock Island Railroad's Office und ist unzufrieden. Er empfindet den Stuhl, auf dem er tagtäglich sitzt, als wenig passend. Denn eigentlich ist er ein intelligenter Mann. Und außerdem ist die Stelle nicht besonders gut dotiert. Er würde Amy gerne mehr Luxus bieten, als es das winzige Haus gestattet oder sein bescheidenes Salär ihm erlaubt. Über ihre Rückkehr und die hübsche Amelia, sein erstes Kind, freut sich Edwin sehr. »Meelie« und »Millie« rufen die Earharts ihre aufgeweckte Tochter, die wenig schläft und jede Menge Aufmerksamkeit einfordert.

Zweieinhalb Jahre später, im Dezember 1899, wird Amelias Schwester Muriel Grace Earhart geboren. Beide sind unzertrennlich. Selbst in schweren Momenten, und die werden sie in einigen Jahren heimsuchen, halten sie fest zusammen.

Amy gibt ihre Töchter häufig zu ihren Eltern nach Atchison. Weil sie dort einen großzügigeren Lebensstil genießen, als ihn

Amy in Kansas City ermöglichen kann: den Viktorian Style, dem sie selbst zutiefst verhaftet ist und der im Hause ihrer Eltern in jedem Winkel knistert. Aber auch, weil das Zusammenleben zwischen ihr und Edwin sich schwierig gestaltet, seit die Kinder da sind.

Manchmal liegen ihre Nerven blank, wenn Edwin mit seinen Töchtern lärmend durch die enge Wohnung robbt. Sie hat weder Hausangestellte noch Kindermädchen, sie macht alles allein. Die technischen Errungenschaften der modernen Haushaltsführung, die zu Beginn des neuen Jahrhunderts den Weg in Amerikas Wohnstuben nehmen, sind nicht alle bei ihr angekommen, weil Edwin sie sich nicht leisten kann. Dass sie ihr Leben nur mehr anstrengend wähnt, hängt auch damit zusammen, dass sie eine Frau mit vielseitigen Interessen ist und nun für nichts Zeit oder Geld hat. Englischer Literatur gilt ihre ganze unerfüllte Leidenschaft.

Zur Einschulung ihrer Ältesten entscheidet Amy, Amelia solle ganz bei den Otis' leben. Sie solle in Atchison die College Preparatory School besuchen, die sie selbst als Kind genossen hat. Eine private Bildungsstätte, keine öffentliche, wünscht sie für ihre Tochter, von der sie hofft, Amelia werde dort eine geeignete Atmosphäre vorfinden, um später den Weg in die Gesellschaft zu gehen. Amelia hat nichts gegen Amys Pläne, denn bei den Otis gefällt es ihr, und Atchison kennt sie auswendig wie ihre Westentasche, weil sie sich mehr dort als in Kansas City aufhält.

Von ihrem fünftem Lebensjahr an, seit 1902, lebt sie endgültig bei den Großeltern. Im Haus von Richter Otis herrscht bildungsbeflissene Bürgerlichkeit, doch Amelia hat das elf Zimmer umfassende Anwesen immer schon recht unbekümmert und respektlos in Beschlag genommen. Sie ist ganz und gar nicht das feine Mädchen, das alle am Tag der Geburt in ihr gesehen haben, sondern ein rasselnder Wildfang. Sie ist auch keine Otis. Aber eine Earhart, die Tochter ihres Vaters. Verwegen, wild, immer auf der Suche nach Herausforderung, wach, intelligent und aufmüpfig.

Die Versuche der Großmutter, sie zu zähmen, schlagen kräftig fehl. Auch wenn die junge Amelia sehr wohl spürt, dass die Otis eine vornehme Familie sind und ihre Villa etwas Besonderes ist. Ein Ort, an dem sich die wichtigsten Männer der Stadt zu bedeutungsvollen Gesprächen treffen, die sie im Salon führen, oder hoch elegant gekleidete Frauen sich zum Tee im Wohnzimmer einfinden, wo die schönen Tiffanyleuchten im Winter zur spätnachmittäglichen Stunde warmes Licht verbreiten und das wertvolle Rosshaarsofa besonders gut zur Geltung bringen. Distinguiert, mit vornehm leiser Stimme, wird über Literatur gesprochen, wenn die Damen im Hause sind, englischen Tee aus zartem Porzellan zu sich nehmen und ihre Großmutter feinstes Gebäck reicht. Manchmal versteckt Amelia sich unter dem Sofa, um heimlich den Gesprächen zuzuhören und die eindrucksvollen Gesten der örtlichen Großen mit eigenen Augen zu sehen.

Übertroffen in ihrer Feierlichkeit werden solche Zusammenkünfte einzig an Thanksgiving und Christmas. Amelia staunt, dass der Glanz noch einmal zu steigern ist. Der Tisch im Speisezimmer ist an Weihnachten besonders festlich gedeckt. Das Tafelsilber glänzt im Schein der Kerzen, die in den sündhaft teuren Kristallleuchtern feierlichste Stimmung heraufbeschwören, prachtvoller als an anderen Tagen. Nicht nur das Silber, sondern auch das chinesische Porzellan, das nur an Weihnachten auf den Tisch kommt, schimmert in einem besonderen Licht. Und selbst das Feuer in dem offenen Kamin knistert fesselnder als sonst, eine wohlige Heimeligkeit verbreitend.

Weihnachten, das Fest der Feste im Hause Otis, vollzieht sich nach einem strengen Ritual. Erst wenn das Dankgebet gesprochen ist, dürfen die Geschenke ausgepackt werden. Anschließend bittet ihre Großmutter alle zu Tisch, wo das Weihnachtsmenü von Hausangestellten serviert wird. Durch ein offenes Fenster zur Küche hin tragen sie die vortrefflichsten Gänge auf, die der Koch des Hauses in stundenlanger und hingebungsvoller Arbeit zubereitet hat.

Alfred findet es unerträglich, als Edwin seiner Tochter ein richtiges Gewehr zu Weihnachten schenkt. Amelia liebt solche Geschenke mehr als die Puppen und sonstig Mädchenhaftes, das ihre Großeltern oder ihre Mutter für sie auswählen.

Einmal bekommt sie einen Schlitten und macht damit die Straße unsicher. Zum Entsetzen der Erwachsenen, denn sie bringt das Kunststück fertig, unter einem fahrenden Pferdeschlitten hindurchzugleiten, als dieser unerwarteterweise um die Ecke biegt und ein Ausbremsen auf dem abschüssigen glatten Gelände kaum mehr möglich ist. Muriel ist mit ihr draußen. Doch deren lautes Hilferufen verhallt ungehört. Zumal der Kutscher einen dicken Ohrschutz gegen die klirrende Kälte trägt. Amelia zieht wild entschlossen ihren Kopf ein, und schon ist sie unten drunter durch. Ähnlich wird sie später ihr Flugzeug fliegen. Ohne Angst vor der Gefahr.

Und mit dem Gewehr, das ihr Vater, den sie über alles liebt, ihr zu Weihnachten schenkt, macht sie Scheune und Garten der Otis-Villa unsicher, weil sie damit Ratten jagen will. Sie wird auch fündig, feuert entschlossen auf das Tier, das verwundet liegen bleibt. Nun quält Amelia allerdings die Frage, ob sie der Ratte den Gnadenschuss verpassen soll. Sie entscheidet sich zu einem solchen und kehrt erst spät am Abend, lange nach dem Dinner, ins Haus zurück. Alfred nimmt ihr das Gewehr aus der Hand und bekundet seinen Unmut über solche Spielereien, die er anrüchig findet. Amelia erwidert kein Wort. Ändern können Schelte und der Verlust des Gewehrs ohnehin nichts. Sie macht, was sie will. Auch wenn andere ihr Verhalten zu wandeln trachten. Selbst wenn sie dabei gegen alle Regeln verstößt, die Richter Otis heilig sind.

Amelia hasst Autoritäten. Solange sie ein Kind ist, können die

Hausangestellten der Otis ein Lied davon singen. Auch ihre Großmutter lernt schweren Herzens zu ertragen, dass sie anders ist als andere Mädchen oder ihre Mutter Amy als Kind. Mit dem ersten Schultag bekommen auch Atchisons handverlesene Lehrer zu spüren, dass die kleine Earhart zwar nett anzuschauen, aber ganz und gar nicht so lieb ist, wie sie aussieht oder das Haus ihrer Großeltern vermuten lässt. Blonde Haare und die schwarze Schleife, die ihre Großmutter effektvoll neben den Seitenscheitel platziert, können darüber nicht hinwegtäuschen.

Sie fällt vor allen Dingen durch eine ausgeprägte Ungeduld auf. Alles geht ihr zu langsam oder dauert endlos lange. Immer muss sie auf irgendjemanden oder irgendetwas warten. Ein Zustand, den sie nicht aushält. Im Mathematikunterricht kennt sie die Lösung, bevor die anderen nachzudenken beginnen, beim Sport ist sie schneller, ausdauernder, eiserner als ihre Klassenkameraden. Und sie besticht durch eine angenehme Stimme. Wenn Gedichte vorzutragen sind, muss Amelia den Part übernehmen, weil außer ihr niemand so schön und betont spricht wie sie.

So beim Schulwettbewerb. Doch wer fehlt? Amelia. Sie erscheint erst, als alles fast vorbei ist. Ihr Einsatz ist verpatzt. Natürlich werden sie und ihre Mitschülerin, mit der sie gemeinsam auftreten sollte, nun nicht zu Preisträgerinnen gekürt. Sarah Walton, die Schulleiterin, fordert eine Erklärung. Amelia betont, sie habe das Pferd von Freunden der Otis trainiert, was sie diesen versprochen hätte. Eigentlich habe sie gedacht, rechtzeitig zum Aufsagen einzutreffen, um wie vorgesehen die zweite Hälfte des Gedichts zu sprechen. Nun könne man es nicht mehr ändern. Ob mit Preis oder ohne einen solchen, sie wisse auch so alles über das poetische Werk – und das reiche!

Sarah Walton zieht die Augenbraue hoch und schweigt. Die Earhart ist nicht nur eigenwillig, sie ist auch selbstbewusst und schlagfertig. Die vielen Gesprächszirkel von Atchisons Honoratioren, denen sie unter dem Sofa liegend manchmal heimlich lauschte, entfalten vehement ihre Wirkung. Diese Kombination aus Edwins Genen und dem Victorian Style im Haus von Richter Otis, den Amelia von der Wiege an atmet, sorgt immer wieder für Verblüffung. Solche Szenen wiederholen sich ständig.

2. Kapitel

Sugardaddy Edwin und der Kampf gegen den sozialen Abstieg

Die Sommerferien verbringt Amelia jedes Jahr bei ihren Eltern in Kansas City. Dort verläuft das Leben stetig schwieriger. Solange Amelia ein Kind ist, bleiben ihr viele Probleme verborgen. Edwin ist nach wie vor der Meinung, er werde zu schlecht bezahlt. Auch ist er davon überzeugt, das Leben habe für ihn noch einen besseren Job bereitzuhalten als den, der ihn seit Jahren langweilt. Er fühlt sich zu höheren Weihen berufen, doch eigentlich steht er sich selbst im Weg. Manuell geschickt und kreativ, wie er ist, bastelt er an einem Behältnis für Signalflaggen, anzubringen auf der Rückseite von Eisenbahnwagen. Als alles so ist, wie es ihm gefällt, beschließt er, nach Washington zu fahren, um dort das Patent für diesen Behälter anzumelden. Das Geschäft mit der Eisenbahn boomt. Ein solches Patent würde sein Leben mit einem Schlag in andere, weihevollere Konturen rücken.

Er ist sich sicher, endlich Ruhm und Ehre nach Hause zu tragen! Und den notwendigen Geldsegen! Doch selbst die Fahrt nach Washington kann er nur finanzieren, indem er das Geld, das für die Begleichung der Grundsteuer des Hauses bestimmt ist, an sich nimmt, um damit die Reisekosten zu bezahlen. Amy weiß nichts davon. Im Mai 1903 lässt sie ihn gehen in der Hoffnung, es werde schon alles gut werden. Sie vertraut auf seine Fähigkeiten. Auch Edwin vertraut ganz sicher darauf.

In Washington allerdings erlebt er eine bittere Enttäuschung. Zwei Jahre zuvor hat bereits ein Amerikaner aus Colorado diese Erfindung schützen lassen. Die Fahrt an die Ostküste ist nicht nur erfolglos, er hat nun auch kein Geld mehr, die Steuerrechnung zu begleichen, die in der Zwischenzeit den Weg in Amys Briefkasten findet. Amy ist wütend darüber, dass Edwin das Geld für die Reise benutzt hat, ohne ihr ein Wort zu sagen.

Als Edwin aus Washington zurückkehrt, hängt bei den Earharts der Haussegen schief. Die Stimmung ist äußerst gereizt. Amy wirft ihm Leichtfertigkeit vor. Edwin fühlt sich unschuldig. Um die Steuerrechnung dennoch bestreiten zu können, müssen nun andere Wege und Mittel gefunden werden. Die Haushaltskasse gibt jedenfalls nichts mehr her.

Edwin verkauft ein paar wertvolle Bücher, die Alfred ihm vor Jahren aus seiner Bibliothek geschenkt hat. Sie bringen einige Dollars ein. Damit werden die Earharts ihre Schulden los. Der Verkauf dieser Bücher ist so sensationell, dass der Käufer unglücklicherweise und ohne zu wissen, dass Edwin Earhart Alfreds Schwiegersohn ist, diesem von einem unglaublich seltenen Kauf erzählt und dabei Alfred die Bücher zeigt.

Alfred erkennt sie als seine eigenen wieder und ist endgültig davon überzeugt, dass sein Schwiegersohn das ist, was er immer schon in ihm gesehen hat: ein Versager. Nicht nur das. Er macht ihm und Amy unmissverständlich klar, dass er Edwin auch für einen schlechten, verantwortungslosen Ehemann und Vater halte.

Der ganze Vorfall ereignet sich kurz bevor Amelia in die Sommerferien zu ihren Eltern fährt. Edwin lässt sich nichts anmerken. Er macht weiter, was er nicht mehr machen wollte. Geht jeden Tag ins Office der Rock Island Railroad, verrichtet lustlos seine Arbeit und wartet darauf, abends mit seiner Tochter im Garten hinter dem Haus herumtoben zu können. Amelia liebt es, mit ihrem Vater Indianer und Cowboy zu spielen, und sie ist der Cowboy, der immer siegt. Ihr Vater legt Wert auf eine freie Erziehung. Die Mädchen dürfen sich entfalten wie die Jungen auch. Er lässt sie Hosen tragen, statt sie in putzige Kleider zu zwingen, spielt mit ihnen Fußball, nimmt sie mit zum Angeln oder auf Abenteuerstreifzüge entlang des Missouri. Meistens kehren sie mit Fröschen und Kröten heim, die Amelia unterwegs einsammelt. Edwin erlaubt seinen Töchtern den Freiraum, den ihre Großmutter einengt. Amelia reist aber wieder ab nach Atchison, als die Ferien vorüber sind, in eine andere Welt. Von Sorgen und Geldnöten hat sie nichts mitbekommen. Auch nicht von dem Streit, der ihre Eltern vor kurzem noch aufwühlte. Edwin ist und bleibt ihr Sugardaddy. Niemand versteht sie so gut wie er.

Edwin versucht nun auch außerhalb des Büros Arbeiten anzunehmen, um das bescheidene Monatsgehalt aufzubessern. Lange findet er nichts. Endlich trägt ihm kurz vor den nächsten Sommerferien ein Zubrot ein paar hundert Dollar ein. Als Amelia wiederkommt, spendiert Edwin seinen Töchtern aus diesem Honorar eine Fahrt an den Mississippi nach St. Louis, wo 1904 die Olympischen Sommerspiele stattfinden.

Auf dem Weg dorthin geht es quer durch Missouri. Zwischen Kansas City und St. Louis gibt es nichts, was zum Anhalten reizen würde. Edwin erzählt von Tom Sawyer und Huckleberry Finn, die in Hannibal, einem Nest hundert Meilen nördlich von St. Louis, wo ihr Erfinder Mark Twain seine Kindheit verbrachte, eine Setzerlehre absolvierte und als Lotse über den

Mississippi schipperte, vor gut zwanzig, dreißig Jahren ihre Abenteuer bestanden. Amelia ist begeistert.

In St. Louis angekommen, will sie sofort und ohne Umschweife dorthin, wo das Leben pulsiert. Und zu den Jahrmarktbuden. Die Berg-und-Tal-Bahn interessiert sie am meisten. Rauf, runter und wieder nach oben tragen die Wagen ihre kreischenden Fahrgäste, die nur lauthals ertragen, was sie sich selbst erwählen. Amelia kann nicht genug davon bekommen. Ihr wird kein bisschen schwindlig. In der Luft hält sie kurz den Atem an. Der Fahrtwind peitscht ihr ins Gesicht, wirbelt ihre Haare durcheinander, und schon ist sie unten, einzig begleitet von einem lauen Gefühl um den Bauchnabel, um gleich wieder in endlosen Serpentinen nach oben verfrachtet zu werden. Sie ist blass um die Nase, aber das ist auch alles. Berg-und-Tal-Bahn. Die will sie sich selbst bauen, sobald sie wieder zurück in Kansas City ist.

Amelia baut sich eine. Ihr kommt zugute, dass sie geschickte Hände hat. Die zwar ab und zu auch Klaviertasten anschlagen, wie alle anfangs gehofft haben, aber viel leidenschaftlicher mit Werkzeug und Material zu wirken verstehen. Ihr praktisches Geschick hat sie von Edwin geerbt. Jetzt setzt sie es ein. Gemeinsam mit Muriel, dem Nachbarskind Ralphie Morton und Amys Bruder Carl zimmert sich die siebenjährige Amelia 1904 eine eigene Bahn hinter dem Haus. Das notwendige Zubehör findet sie im Geräteschuppen, der allerhand Gerümpel bereithält. Alte Holzlatten dienen als Gleise. Der Wagen, entscheidet Amelia, solle ein Zweisitzer sein. Vom Dach des Geräteschuppens verlaufen die hölzernen Schienen schon bald nach unten auf die Wiese, und an anderer Stelle führen sie wieder auf das Dach hinauf. Damit der Zweisitzer gut in Fahrt kommt, werden die Gleise mit Schmalz eingeschmiert. Mehrere Tage dauert die Tüftelei, bis alles fertig ist.

Amelia darf als erste die Strecke testen. Der Versuch endet in einem lauten Crash! Noch mehr Gleise müssten eingefügt werden, gibt Carl zu bedenken. Amelia rennt sofort zum Schuppen und schafft weitere Holzlatten heran, die zurechtgeschnitten, gefeilt und aneinander geleimt werden. So lange, bis der Test erfolgreich verläuft. Amelia ist begeistert. »Just like flying«, entweicht ihren Lippen. Es ist der erste entscheidende Bezug zur Fliegerei, für die sie sich bisher nicht interessiert. Doch das – und vieles mehr – wird sich in den nächsten Jahren gründlich ändern. Sie wird häufig ihren Wohnort wechseln und viele verschiedene Schulen besuchen. Weil Sugardaddy Edwin sein Leben nicht mehr aushält und er und Amy ständig umziehen.

Drei Jahre nach dem gücklichen Ferienerlebnis in St. Louis und der ersten selbst gebauten Berg-und-Tal-Bahn wird Edwin 1907 von der Eisenbahngesellschaft nach Des Moins, Iowa, versetzt, worüber er anfangs sehr froh ist, auch wenn Iowa nichts anderes ist als »Small-Town-Amerika« und in Des Moins mehr Schweine als Menschen leben. Er ist trotzdem froh, weil ihn an Kansas City ohnehin nichts mehr reizt. Dass Des Moins die einzige Stadt inmitten wogender Weizenfelder ist, stört ihn nicht, denn Amy kommt mit. Amelia und Muriel bleiben wie bisher bei den Otis in Atchison, bis in Des Moins eine geeignete Wohnung in Aussicht steht, wo die Earharts dann als Familie gemeinsam leben.

Bis es dazu kommt, vergehen weitere zwei Jahre. Erst im September 1909 sind Amelia und ihre Schwester wieder mit den Eltern zusammen. Nicht einfach für die zwölfjährige Amelia, die in Atchison alles hatte, was sie zu ihrem Glück brauchte. Außer den Eltern. In Des Moins fehlen ihr die Freundinnen aus Atchisons Nachbarschaft. Kathy Dolan und Mary Elizabeth Campbell. Oder auch ihre zwei Kusinen Lucy und Kathryn Challis, genannt »Tootie« und »Katch«. Und die Schule.

Amy hat gehört, dass in den öffentlichen Schulen dort Läuse normal seien. Da sie nicht genug Geld hat, Amelia an einer privaten anzumelden, entscheidet sie kurz entschlossen, ihre Töchter durch einen Privatlehrer unterrichten zu lassen, der zu ihnen in die Wohnung kommen soll. Eine gewisse Florence Gardiner ist in den nächsten Monaten für Amelias Bildung zuständig. Französisch, Literatur, Musik und Stickrahmen sind die Inhalte, die Madame Gardiner, eine verwitwete Lehrerin, den Earhart Töchtern angedeihen lässt. Als Amy die öffentliche Schule wieder für gut genug befindet, tritt Amelia in die siebte Klasse ein. Alles ist anders, als sie es aus Atchison kennt.

Edwin wird inzwischen Leiter der Rechtsabteilung. Sie beziehen ein größeres Haus, und Amy bekommt Hausangestellte. Trotzdem werden sie nicht wirklich glücklich mit dieser lang ersehnten Beförderung. Denn beide, sowohl Amy als auch Edwin, können nicht mit Geld umgehen. Sobald sie es in Händen haben, geben sie alles wieder aus. Es ist fatal: Obwohl Edwin endlich die Abteilung leitet, ändert dieser Aufstieg nichts an seiner notorischen Unzufriedenheit. Schnell lotet er aus, dass auch mit diesem Posten die Bäume nicht in den Himmel wachsen. Und gegenüber Amy, der er die Werkausgabe des englischen Schriftstellers und Literaturnobelpreisträgers Rudyard Kipling schenkt, muss er beschämt eingestehen, dass er die Bücher nicht wirklich bezahlen kann. Er habe die Kostenerstattung zwar in Raten vereinbart, doch mehr als die erste Rechnungsbegleichung sei er nicht im Stande vorzunehmen. Amy solle versuchen, die verbleibenden Abschläge aus ihrer Haushaltskasse zu finanzieren.

Dieser Vorfall ist der Funke, der in Edwin einen Circulus vitiosus heraufbeschwört. Er blickt in den Spiegel und ahnt, dass sein Schwiegervater Alfred recht behalten wird. Er ahnt nicht nur, wogegen er sich bisher vehement auflehnte, er beschließt der Prophezeiung Folge zu leisten, indem er anfängt zu trinken. Im Alter von knapp fünfzig Jahren. Amelia ist dreizehn.

Amy sieht ihren Edwin und leidet mit. Sie schickt Amelia wieder nach Atchison, um ihr das gesellschaftliche Desaster, das sie auf sich zukommen sieht, zu ersparen. Nur dort glaubt sie ihre Tochter in guten Händen. So dachte sie, als sie mit Amelia vor dreizehn Jahren schwanger war. So handelt sie auch jetzt. Das Haus ihrer Eltern als Zufluchtsort vor der erbarmungslosen Welt. Sie selbst bleibt an Edwins Seite.

Edwin hält sich einigermaßen auf den Beinen. Er greift zwar zum Alkohol, doch noch bleibt die Sucht, der er anheim fällt, unter der bürgerlichen Oberfläche verborgen. Bis Amelia Harres Otis im Februar 1912 stirbt und auch Alfred nicht mehr da ist. Amelias Großmutter hinterlässt ein ansehnliches Erbe. Eine halbe Million Dollar ist unter ihren vier lebenden Kindern aufzuteilen. Sie hat ein Testament gemacht. Alle vier sollen den gleichen Anteil erhalten. Das Vermögen wird auch direkt ausgezahlt. Nur Amys Erbe ist mit Auflagen bedacht worden. Ihr Anteil soll in den nächsten zwanzig Jahren treuhänderisch verwaltet werden – oder bis zu Edwins Tod! Ihr Bruder Mark ist als Treuhänder vorgesehen.

Der Tag, an dem Amy diese Nachricht erhält und Edwin darüber Bescheid weiß, ist der Tag seines seelischen Absturzes. Jetzt setzt er endgültig den Alkohol als Seelentröster ein. Mehr, als er verträgt. Der Alkohol verändert ihn. Aus dem glücklosen Juristen, der für sein Leben die wirkliche Herausforderung und das notwendige Vertrauen nicht finden konnte, wird ein verbitterter Mann, der keinen anderen Ausweg sieht, als gegen die Otis', die er borniert schimpft, herzuziehen oder gegen Amys Haushaltsführung, die er als unzulänglich abqualifiziert. Er wettert gegen seinen Arbeitgeber, die Eisenbahngesellschaft. Als Leiter der Rechtsabteilung wird er immer weniger tragbar. Die Gesellschaft feuert ihn fristlos.

Amelia, inzwischen sechzehn Jahre alt, erlebt, wie ihr Vater, den sie bis dahin über alles liebte, sie erschreckt. Er wird für sie fremd und unberechenbar. Das alte Kinderbild, als Sugardaddy Edwin ausgelassen und fröhlich Indianer und Cowboy mit ihr spielte und sie das Spiel gewinnen ließ, stimmt nicht mehr. Er erhebt sogar die Hand, um sie zu schlagen, als sie eine Flasche Whisky ins Küchenspülbecken entleeren will. Edwin ist nur noch ein wandelndes Elend. Kein Job, kein Geld, aber eine Familie, die Besseres gesehen hat, als er ihr bieten kann.

Im folgenden Jahr jedoch gelingt es ihm, die Great Northern Railway in St. Paul, Minnesota, davon zu überzeugen, dass er ihr Mann ist. In dieser letzten Stadt im Osten Minnesotas, wo der Winter eisiger ist als sonst wo in Amerika, erhält er tatsächlich eine neue Stelle. Aber nicht in der Rechtsabteilung, für die er eigentlich die Qualifikation hätte. Man will ihn einzig im Frachtbüro als Sekretär sehen. Wieder zieht die Familie um. Wieder ist Amelia die Neue in der Schule. Amy ist noch immer entsetzt über die testamentarische Verfügung ihres Erbes. Die Regelung der Vermögensverwaltung verhindert, dass sie Amelia und Muriel ein Leben bieten kann, das ihrem Stand entspricht, das tut ihr weh. Immer wieder hadert sie mit der Verfügung ihrer toten Mutter. Und ausgerechnet sie wollte für Amelia nichts anderes als den direkten Weg in die Gesellschaft. Davon ist sie nun weit entfernt.

Dabei ist Amelia mit ihren sechzehn Jahren reif genug, in eben diese »Society« eingeführt zu werden, für die es jetzt aber keine Eintrittskarte gibt, weil die alte Dame ihre letzte Willensentscheidung gegen die Earharts getroffen hat und Edwin zwar mit aller Macht gegen sein Alkoholproblem vorgeht, er den Kampf gegen die Sucht jedoch verliert.

Weihnachten 1913 verabschiedet sich Amelia im fernen Minnesota von ihrer glücklichen Atchisoner Kindheit. Edwin kommt an diesem Weihnachtsfest spätabends nach Hause. Er ist betrunken. Amelia und Muriel haben sich für die Mitternachtsparty in der Kirche von St. Paul verabredet, die Amy in diesem Jahr arrangiert. Anschließend wollen sie mit zwei Freunden im heimischen Wohnzimmer feiern, die sie, wie es

Brauch ist, aus der Kirche nach Hause bringen wollen. Die Kirchengemeinde bietet den Earhart-Töchtern den einzigen sozialen Anknüpfungspunkt. Sie sind ansonsten vom gesellschaftlichen Leben der Stadt ausgeschlossen, weil Edwin Earhart nicht gesellschaftsfähig ist.

Normalerweise geleiten die Väter ihre Töchter zum Fest. Da Edwin an diesem Abend aber viel zu spät und stockbetrunken nach Hause kommt, fällt die Mitternachtsparty für Amelia und Muriel aus, obwohl Edwin sein Mitkommen versprochen hatte. Amelia ist bitter enttäuscht. Sie und Muriel haben sich riesig auf die Weihnachtsfeier gefreut, die nun ohne sie stattfindet, weil ihr Vater ein Alkoholiker ist. Amelia lässt ihrer Enttäuschung freien Lauf. Sie reißt den Weihnachtsschmuck vom Tannenbaum, den sie Stunden zuvor liebevoll dekoriert hat, schüttet die vielen kleinen Süßigkeiten, die für die beiden Freunde vorgesehen waren, zurück in die Dosen, aus denen sie das Gebäck entnommen hat, löscht das Licht, stapft wütend in ihr Zimmer und wirft sich weinend aufs Bett.

Edwin hatte zugesagt, sie zur Kirche zu begleiten! Wie konnte er das nur vergessen! Amelia ist außer sich. Ihre Enttäuschung bezieht sich weniger auf den Verlust der zwei jungen Herren, denn aus Jungen macht sie sich nicht viel, sondern vor allem auf ihren Vater Edwin, der so rücksichtslos dem Alkohol verfallen ist.

Nachdem sich der erste Zorn legt, schnappt sie sich ein Buch und beschließt, den Weihnachtsabend nun nicht anders als lesend zu verbringen, mochte die Welt untergehen oder sonstige Kapriolen schlagen. Das Ablenkungsmanöver funktioniert so lange, bis sie draußen vor ihrem Fenster die Stimmen der zwei Kavaliere hört, die sie und Muriel zu diesem Abend eingeladen haben. Sie legt ihr Buch zur Seite, zieht die Vorhänge zu, drückt noch einmal auf den Lichtschalter und schiebt ihren Kopf unter die Bettdecke.

Dunkel und finster ragt das Earhart-Haus hinein in die Heilige

Nacht. Weit entfernt von dem eleganten Licht der Otis-Villa, wo am Weihnachtsabend festlicher Glanz herrschte und das flackernde Feuer des offenen Kamins sich in den gebogenen Fensterscheiben spiegelte. Bitter steigt die Erinnerung in Amelia auf. Auch wenn alles Vergangenheit ist, so wirkt die vornehme Attitüde der Otis dennoch in ihr fort. Sie ist Bestandteil ihres Seins. Das wird in den nächsten Jahren immer deutlicher. Ohne diese Kinderstube hätte sich George Palmer Putnam, Verleger in New York, niemals für sie interessiert. Sie werden einander begegnen . . . Vorher sollte Amelia aber noch tiefer die Armut kennen lernen. Das Tal der Tränen ist noch nicht durchschritten.

Im Winter 1915 hat Edwin einen Unfall. Horrende Arztrechnungen schneien ins Haus, deren Erstattung die Earharts kaum aufbringen können. Um Energiekosten zu sparen, lässt Amy fast alle Zimmer des Hauses, das sie bewohnen, unbeheizt und schließt sie ab. Die verbleibenden Räume werden nur mäßig warm gehalten. Und das in Minnesota, wo die Winter vor Kälte klirren. Amelia und Muriel schlüpfen tagtäglich in ihre Mäntel und ziehen es vor, durch Schnee und Eis zu laufen, statt zu Hause bibbernd hinter dem lauwarmen Ofen zu sitzen, der ihnen kaum das Frieren nimmt. Amelia rennt hinaus, auch weil sie nicht tatenlos stillsitzen kann.

Als der Winter endlich zu Ende geht und alle Welt sich um neue Frühjahrsgarderobe kümmert, bleibt bei den Earharts Geld noch immer ein knappes Gut. Amelia ist achtzehn Jahre alt. Im Sommer wird sie neunzehn. Sie spielt Tennis, schwimmt, kann fischen, weiß alles, was man wissen muss, um den Freifahrtschein ins Glück zu buchen, und improvisiert aus alten Seidengardinen, die sie auf dem Speicher aufstöbert, für sich und ihre Schwester neue Blusen. Alte werden verschönert mit Verzierungen aus bunten Bändern und Knöpfen, die sie für ein paar Dollar ersteht. Das bisschen Geld, das sie für Nadel, Faden, Bänder und Knöpfe benötigt, verdient sie durch den Verkauf von leeren Flaschen, die sie und Muriel im Keller finden. Speicher und Keller. Keinen einzigen Quadratmeter lassen die beiden aus, um noch mehr zu ergattern, das sich versilbern ließe. Amelia erweist sich als junge Dame mit Sinn fürs Praktische.

In der Schule interessiert sie sich für Latein, Chemie und Physik. Von der Physik ist sie geradezu fasziniert. Hingebungsvoll vertieft sie sich in die Gesetze der Natur und in die Logik ihrer mathematischen Darstellung. Sie wird belohnt mit exzellenten Zensuren. Jungen hingegen hat sie immer noch nicht im Blick. Sie ist so eine, die sich nicht viel aus Jungen macht. »Ich kann mich nicht erinnern, dass die Jungen sich besonders für mich interessierten, aber ich kann mich auch nicht erinnern, darüber besonders traurig gewesen zu sein«, wird sie später einmal schreiben.

Edwin geht es leidlich besser. Doch der Job ist weg. Er hört von einer Stelle in Springfield, bei der Burlington Railroad. Springfield liegt in Missouri, dort, wo die Wälder in trockene Prärie übergehen und sich jenseits von St. Louis oder Kansas City Fuchs und Hase gute Nacht sagen. Trotzdem beschließt Edwin, dorthin zu gehen. Der Job in der Rechtsabteilung ist bereits vergeben, als er in Springfield eintrifft. Die Burlington Railroad weist ihm stattdessen eine befristete, wenig anspruchsvolle Tätigkeit zu. Springfield ist als Stadt völlig unbedeutend. Amy, Muriel und Amelia kommen aber mit. Edwin findet ein Haus, in dem sie zur Miete wohnen können. Das Haus ist erbärmlich. Der Job ebenso.

Edwin, der seinen Töchtern immer: »Never run away«, gepredigt hat, gibt auf. 1915. Er ist ein gebrochener Mann. Er läuft entgegen seinen früheren Prinzipien vor sich selbst und der Ausweglosigkeit, die er schmerzlich verspürt, davon. Sein letztes Ziel, und er meint es ernst, ist die Rückkehr nach Kansas City. Aber nicht, um noch einmal von vorne anzufangen. Er will bei seiner Schwester unterkommen. Längst schon ist dieser Gedanke in seinem Kopf herangereift. Bis er ihn gegenüber Amy äußert, vergeht kein Tag ohne Streit. Keiner in dem heruntergekommenen Haus erträgt mehr den anderen. Amy ihren Edwin nicht und umgekehrt. Am meisten leidet Amelia, die sich an sich selbst festhält.

Amy entscheidet, nicht mit ihrem Mann nach Kansas City zu gehen. Bloß nicht dorthin zurück. Sie plant stattdessen mit Amelia und Muriel einen Aufenthalt in Chicago. Sie will dort bei Freunden leben, bis sie ein eigenes Zimmer findet. Amelia soll die High School absolvieren. Kurz entschlossen bricht sie dorthin auf. Nach der ersten Aufnahme bei Freunden findet sie in der Nähe der Universität eine kleine Unterkunft. Obwohl das Wohnzimmer mit zwei anderen Frauen geteilt werden muss, beschließt Amy, die Wohnung zu mieten.

Edwin trifft in Kansas City ein und kriecht bei seiner Schwester unter. Obwohl Chicago den Ruf der unbegrenzten Möglichkeiten genießt, wo massenhaft Jobs für jeden bereitstünden, besonders bei der Eisenbahn, hegt Edwin fürs Erste keine Wünsche mehr. Mit der Eisenbahn hat er abgeschlossen. Er ist erledigt.

Die Earharts leben von nun an getrennt. Eine Scheidung kommt nicht in Frage. Amelia tritt in die Hyde Park High School von Chicago ein. Aus »Meelie« wird »A. E. – the girl in brown who walks alone«, wie es schon bald im Jahrbuch ihrer Schule steht. Achtzehn Jahre ist sie alt. Eine Einzelgängerin. Von den Mitschülerinnen verschmäht, weil sie diese ihre Ablehnung spüren lässt. Braun ist ihre Lieblingsfarbe. Das Alleinsein ihr Lebensmotto. Keine Otis, sondern eine Earhart. Sie lehnt sich gegen alles Langsame, Langweilige und Mittelmäßige auf. Gegen die Teenies in ihrer Klasse, die davon träumen, geheiratet zu werden statt kühne Taten zu vollbringen. Gegen ihren Englischunterricht, den sie als Zumutung empfindet. Sie kritzelt ein Gesuch aufs Papier, um bei der Schulleitung den Lehrerwechsel zu erzwingen. Vorher versucht sie noch, alle aus der Klasse hinter sich zu scharen und mit einer Unterschriftenaktion der Sache den größtmöglichen Nachdruck zu verschaffen. Keiner macht mit. Amelia zieht daraus die Konsequenzen: Sie verweigert bis zum Ende des Semesters den Englischunterricht und verbringt stattdessen die Stunden, die dafür anberaumt sind, in der Bibliothek.

Nach Beendigung der High School will sie nicht studieren, sondern nach Kansas City, um Edwin zu treffen. Trotz allem. Sie liebt ihren Vater noch immer. Amy und Muriel begleiten Amelia, die es nicht erwarten kann, ihren Vater wiederzusehen.

Edwin hat in Erfahrung gebracht, dass Amys Bruder Mark, der das Otis-Vermögen treuhänderisch verwaltet, mit Spekultionsgeschäften viel Geld verspielt hat. Fünfzehntausend Dollar sind im Gespräch. Für Edwin ein Schlag ins Gesicht. Er, der Mark damals als Tutor zur Seite stand und von den Otis nicht als vertrauenswürdig behandelt wurde, muss erleben, dass ausgerechnet Mark fünfzehntausend Dollar in den Sand setzt. Von dem Geld, das ihnen die letzten vier Jahre das Leben erleichtert und ihn möglicherweise vor dem Alkohol bewahrt hätte. Für zehntausend Dollar wäre ein Haus wie die Otis-Villa zu haben gewesen.

Amy geht gerichtlich gegen ihren Bruder und das Testament ihrer Mutter vor. Sie ficht den letzten Willen von Amelia Harres Otis an und gewinnt. Mit der Erbschaft in eigenen Händen gelingt es Amy Earhart in den nächsten Jahren, ihre Töchter gesellschaftlich über Wasser zu halten.

Auch wenn Amelia beschließt, ihre eigenen Wege zu gehen. In ihrem Dafürhalten, in ihrer Haut, allein. Als Grenzgängerin. Edwins unstetes Leben am Rande der Armut hat sie dazu gemacht. Aber auch sein Blut, das durch ihre Adern fließt, drängt sie, den Weg des Lebens einsam zu bestreiten. »Ein rollender Stein setzt kein Moos an. Es ist mein Los gewesen, immerfort unterwegs zu sein«, äußert sie später einmal darüber.

3. Kapitel

Das Helfersyndrom

Amys Geldsegen erlaubt es Amelia, sich an einer renommierten Schule in Pennsylvania, ein paar Kilometer außerhalb von Philadelphia, einzuschreiben. Ogontz School heißt ihr Reiseziel, als sie 1916 neunzehnjährig im Zug sitzt, unterwegs in Richtung Ostküste, in die ursprüngliche Hauptstadt der USA, wo der Handel floriert und Reichtum blüht. Philadelphia gilt als Quelle neuer Ideen auf allen Gebieten von Kunst und Wissenschaft, Toleranz und Liberalität. Neue Ideen seien immer gut, denkt Amelia und schaut nachdenklich aus dem Fenster.

Amy konnte sie überreden. Und auch Edwin ist der Meinung gewesen, sie müsse weitermachen. Ogontz School sei ein Internat, das gerne von der vornehmen amerikanischen Gesellschaft ausgewählt werde, wenn es darum gehe, höhere Töchter auf das Leben vorzubereiten. Amelia, die nicht aufhört, ihren Vater zu lieben, gibt also nach. Aber auch, weil sie selbst noch einmal dazulernen will.

Ogontz School verfeinert Amelias viktorianische Kinderstube. Durch die strenge Abby Sutherland, ihres Zeichens Direktorin, Managerin und Übermutter ihrer jungen Schützlinge. Mit neunzehn Jahren ist Amelia älter als die anderen, die, Amy hat sie bereits darauf vorbereitet, überwiegend der Affluent Society angehören. Ein paar Mädchen kommen aus Südamerika, ein paar aus Europa, und einige haben Väter, die bei der Army oder Navy im Offiziersrang dienen.

Amerika ist noch nicht in den Ersten Weltkrieg eingetreten, doch alle Anzeichen sprechen dafür, dass bald damit zu rechnen ist. In letzter Zeit mehren sich die Schlagzeilen, es müsse dem »Kreuzzug für die Demokratie« der Weg geebnet werden. In Wahrheit geht es um den Ausbau der Industrie und um neue Absatzmärkte nun auch in Europa, nachdem die Amerikaner in den letzten Jahren Südamerika und Asien für ihr »Big Business« entdeckt haben. Seit der Jahrhundertwende sind sie auch mit den Europäern in den Wettstreit um die Aufteilung der Welt eingetreten.

Bis jetzt geben sich die USA neutral. Nicht zuletzt, um Spannungen im eigenen Land unter Kontrolle zu halten. Man befürchtet, dass die Einwanderer verschiedener Nationen ihre Konflikte verschärfen oder offen austragen könnten, sollten die Amerikaner in Europa militärisch eingreifen.

Neuerdings spielen aber auch finanzpolitische Argumente eine starke Rolle. Teile der Hochfinanz fürchten zum einen die Rivalität der stetig expandierenden Deutschen und zum anderen den Verlust von annähernd zwei Milliarden Dollar, die sie den Westmächten England und Frankreich gewährten, sollten diese den Krieg verlieren. Prekär ist die Situation, seit Russland im Februar 1917 aus der Koalition mit England und Frankreich auszusteigen scheint.

Präsident Wilson fordert im April 1917 den Eintritt der Amerikaner in den Krieg. Der Kongress stimmt zu. Vielleicht auch, weil Wilson deklariert, er beabsichtige, die amerikanischen Ideale der Demokratie an die Stelle der bisherigen, europäisch verankerten Weltordnung zu setzen. Ein genialer Schachzug. Denn seit den Tagen von »Big Business« vermag in Amerika kaum einer missionarischen Ambitionen zu widerstehen.

Während sich die Nation anschickt, die große internationale Bühne zu betreten, lernt Amelia vor den Toren Philadelphias das gute Benehmen veredeln und die unvermeidlich notwendige Bildung, als Voraussetzung für universitäre Weihen, die sie nach Amys und Edwins Willen genießen solle.

Unter den Fittichen der strengen Abby Sutherland bleibt kein Platz für üble Streiche oder amouröse Befindlichkeiten. Doch solche hegt Amelia auch nicht. Sie bewundert sogar Abby Sutherland, weil diese sich nicht verheiratet hat, obwohl sie mehrere Möglichkeiten dazu hatte. Wie sie überhaupt ein Faible entwickelt für außergewöhnliche Frauen.

Amelia fängt an, Zeitungsartikel auszuschneiden, in denen über Frauen berichtet wird, die herausragende Leistungen vollbringen und die von Männern dominierte Businesswelt erobern. Sie bewahrt solche Schlagzeilen in einem Album auf, das sie in ihr Schreibpult legt. Immer wenn Amelia glaubt, die Langeweile nicht aushalten zu können, die sie auch in der Ogontz School manchmal einholt, nimmt sie das Album zur Hand und blättert darin herum. Frauen wie Bessie Raiche von Anaheim, die Präsidentin der Orange County Medical Association, die als erste Frau in dieses Amt gewählt wird, E. E. Abernathy aus Oklahoma, die in die Führungsetage der Bankenwelt aufsteigt, oder Helen Gardner, die im amerikanischen Staatsdienst die Position einer Regierungsbevollmächtigten einnimmt und verkündet, man könne gleichermaßen sowohl einen Haushalt führen als auch im Job erfolgreich sein, selbst wenn das nicht ganz einfach sei, gefallen ihr.

Amelia träumt von einer Karriere. Etwas Außergewöhnliches müsste es sein. Nichts Alltägliches.

Sie ist weiterhin »A. E. – the girl in brown who walks alone«, auch wenn sie dank Amys erstrittenem Vermögen wieder dazugehört und nicht wie in St. Paul oder in Chicago schon wegen ihres Äußeren gemieden wird. Obwohl alle sie hier auf Grund ihres einnehmenden Charmes »Meelie« nennen, bleibt sie in ihrem Innersten doch die andere Amelia. Die kühle, zurückhaltende, prüde und introvertierte, die anders denkt als andere und die trotz der stabilisierten häuslichen Finanzen keinen übersteigerten Wert auf ihre Kleidung legt, obwohl Amy sie auffordert, sich passende Garderobe zuzulegen, und ihr Geld dafür schickt.

Amelia lehnt ab. Sie hasse es, Geld für etwas auszugeben, das sie nicht benötige oder haben wolle. Und abgesehen davon, könne sie die abgelegte Kleidung ihrer neuen Freundin Leonore Hassinger übernehmen. Leonore befindet ihre schicken schwarzen Slipper nämlich als nicht mehr länger tragbar, und Amelia ist der Meinung, sie seien bestens in Schuss. Insgeheim fürchtet Amelia, Amy könne genauso wenig mit Geld umgehen wie Edwin. Da das Schulgeld bereits 600 Dollar im Monat verschlinge, wolle sie ihrer Mutter keine überflüssigen Kosten zumuten. Sie solle das Geld für sich selbst verwenden, da sie es dringender brauche. Sie besteche durch anderes als durch teure und ausgefallene Kleidung.

Amelia fällt durch ihre Körperbeherrschung auf. Selbst wenn andere modischer, teurer und eleganter gekleidet sind, so ist sie diejenige, die sich auf eine besondere Art und Weise bewegt. Passend zu ihrer angenehm ruhigen Stimme. Sie gleitet wie eine Modepuppe über den Laufsteg und stiehlt allen die Schau bei den abendlichen Unterweisungen in Sachen damenhaftes Benehmen.

»Miss Pughsey's evening«, so nennen die Mädchen einen Abend, an dem sie lernen, wie eine Lady geht, steht oder sitzt.

Wie die Hände zu schütteln sind und an welcher Stelle man am besten lacht oder schweigt. Geübt wird an einem Stuhl, den Miss Pughsey in der Mitte des Raumes platziert. Die jungen Damen werden aufgefordert, zum Stuhl zu streben, dabei so graziös wie möglich zu wandeln und sich hochvornehm darauf niederzulassen. Gekreuzte Beine sind der Inbegriff des Abscheulichen. Die Bemühungen der Mädchen und die strengen Kommentare von Miss Pughsey sind immer begleitet von lautem Gekreische.

Nur Amelia gelingt es, ungestraft davonzukommen. Sie scheint zu schweben, in einer einzig ihr eigentümlichen und unverwechselbaren Art von Schwerelosigkeit.

Solche Abende sind der krönende Abschluss eines langen Tages. Selbst das Abendessen verläuft nach einem strengen Ritual. In Französisch oder Deutsch werden die Mädchen angehalten, auf ihre Tischsitten zu achten. Ein rundum perfektes Programm für die künftigen Ladys der vornehmen Gesellschaft.

Für Amelia ein Trainingslager, das ihr später, wenn sie ein Medienstar ist, zugute kommen wird, um die großen Auftritte, Empfänge und Ehrungen vor anspruchsvollem Publikum bravourös zu beherrschen. Doch das genügt ihr weder, als es soweit ist, noch genügt es ihr heute. Denn sie hat nicht nur ein Talent zur großen Geste, sondern sie entwickelt auffällig den Drang, zu helfen. Die selbst verspürte Hilflosigkeit angesichts zurückliegender Familiendramen schlägt um in Sympathie für die, die Hilfe brauchen.

In den Weihnachtsferien 1917 fährt Amelia nach Kanada, um ihre Schwester Muriel zu treffen, die in Toronto aufs College geht. Amy hält sich in dieser Zeit ebenfalls in der kanadischen Hauptstadt auf, im St. Regis Hotel. Sie ist froh, dass ihre beiden Töchter wieder auf den Pfaden wandeln, die sie für angemessen hält. Bald ist Weihnachten. Amy liebt die vorweihnachtliche Atmosphäre in der Metropole. Seit Tagen bummelt sie durch die Stadt am Ontariosee, auf der Suche nach ausgefallenen Geschenken. Amy kann tatsächlich immer noch nicht mit Geld umgehen. Hier in Toronto, kurz vor dem Fest, rinnen ihr die Scheine nur so durch die Finger. Sie ist dreiundvierzig Jahre alt. Kein Kleidungsstück, das ihr nicht stehen würde. Die Auslagen der Juweliere entlocken ihr ein tiefes Seufzen. Sie wird auch dort einkehren, befürchtet Amelia, die ihre Mutter gelassen bis sorgenvoll begleitet.

Amerika ist seit gut einem halben Jahr in den Krieg verwickelt. In den vergangenen Wochen haben sich an der Ogontz School alle die Hände wund gestrickt, um fürs Rote Kreuz Socken und Pullover bereitzustellen, und Amy gibt sich dem Kaufrausch hin. Amelia schüttelt den Kopf.

Als sie an einem dieser Tage mit Muriel die King Street entlang spaziert, gehen vier junge Männer an ihnen vorüber, die so ganz und gar nicht in das glanzvolle, prächtige und weihnachtlich geschmückte Toronto passen. Alle vier bahnen sich mühsam mit ihren Krücken den Weg, die ihnen ein Bein, einen Fuß ersetzen. Amelia starrt die vier an, wendet ihre Augen ab, um sich in die Auslagen eines Schaufensters zu vertiefen, das sie fröhlich anlockt. Dann blickt sie den Soldaten erneut hinterher. Denn dass es sich bei den vieren um kanadische Soldaten handelt, die an der Seite der übrigen Alliierten, zu denen seit einem halben Jahr auch Amerika gehört, gegen die Deutschen kämpfen, ist ihr sonnenklar. Die vier sind kaum älter als sie selbst.

Amelia sieht und entscheidet. Sie ist zwanzig Jahre alt und wie immer auf der Suche nach Herausforderung. Die letzten Jahre sind nicht spurlos an ihr vorübergegangen. Edwins Alkoholprobleme, der Kampf am Rande des sozialen Abstiegs und Amys Sorgen haben sie empfänglich gemacht für die Not.

Amelia teilt ihrer völlig überraschten Mutter mit, dass sie nicht nach Philadelphia an die Schule zurückkehren werde, sondern in Toronto bleiben wolle, um als Hilfsschwester fürs Rote

Kreuz zu arbeiten. Die Krankenhäuser seien voll und ihre Hilfe werde gebraucht. Zu helfen, das sei jetzt die Herausforderung. Amy fehlen die Worte. Doch eines weiß sie sicher. Wenn Amelia sich einmal entschieden hat, dann setzt sie ihren Willen durch.

Amelia bleibt in Kanada. Bereits im April 1918 wird sie am Spadina Military Hospital von Toronto als freiwillige Schwesternhelferin eingesetzt. Das Militärkrankenhaus umfasst 233 Betten, alle voll gestopft mit Soldaten, die an Tuberkulose leiden, Artilleriegeschosse in ihrer Brust tragen oder unter Brandverletzungen stöhnen.

Amelia tauscht ihr damenhaftes Benehmen gegen eine weite Uniform und opfert sich auf. Ihre Gesichtszüge verraten schnell angespannte Ernsthaftigkeit, den tagtäglichen Umgang mit nichts als dem Elend. Sie erledigt alle Arbeiten, zu denen sie eingeteilt wird. Vom Putzen und Abwaschen bis hin zum Füttern und Baden der Kranken oder Tennisspielen mit den Genesenden.

Von sieben Uhr in der Frühe bis spät am Abend ist sie auf den Beinen. Sie wirkt auch in der Diätküche, später in der Apotheke, weil sie viel von Chemie versteht. Aber nicht nur aus diesem Grund. Amelia, das hat sich bereits nach wenigen Wochen herumgesprochen, rührt keinen Tropfen Alkohol an. Die verabreichte Medizin besteht zu einem großen Teil aus Whisky. Gegen die unmenschlichen Schmerzen. Whisky allerdings bevorzugen nicht nur die Verletzten, die Kranken, Müden und vom Tode Gezeichneten, sondern auch einige vom Pflegepersonal. Sie sprechen dem hochprozentigen Tropfen mehr zu als der Klinikleitung lieb ist. Einzig auf Amelia ist wirklich Verlass.

Ihre freie Zeit verbringt sie in Toronto mit Ausflügen zu Muriel oder mit sportlichen Aktivitäten. Ihre Mutter ist längst aus Toronto abgereist. Amelia entdeckt einen Reitstall, wo sie häufiger verkehrt, oder sieht sich Eishockeyturniere an. Reiten gefällt ihr am besten. Eine wilde Stute mit Namen »Dynamite« lässt sich von ihr zähmen, worauf der Reitstallbesitzer Amelia einlädt, künftig kostenfrei ihrem Lieblingssport nachzugehen.

Über das Reiten lernt Amelia drei Militärpiloten kennen, die sie fragen, ob sie ein Interesse daran habe, sich die Flugzeuge ihres Stützpunktes »Armour Heights« anzusehen. Amelia willigt ein und ist begeistert. Sie darf zwar nicht in ein Flugzeug einsteigen, um mitzufliegen, doch sie kommt wieder, das Treiben begierig mit den Augen aufsaugend. Fliegen. Abheben. Alles hinter sich lassen. Fliegen passt zu ihr. Sie begnügt sich aber vorerst mit dem Zuschauen.

Als Nächstes besucht sie eine Luftschau der Canadian National Exposition. Dass Fliegen nicht ungefährlich ist, wird ihr spätestens bei dieser Gelegenheit klar. Alle Zuschauer rennen vom Flugfeld, und Frauen werden ohnmächtig, als einer der Piloten die Gewalt über seine Maschine zu verlieren scheint. Amelia spürt den Nervenkitzel, bleibt wie angewurzelt stehen und entdeckt ihre Liebe zur Gefahr. Noch frönt sie allerdings dem Dienst am Nächsten.

Im Spadina Hospital steht sie weiter ihre Frau und versucht herauszufinden, wo ihre Grenzen liegen, wie lange sie es aushält, das zu tun, was sie im Angesicht von Krankheit, Tod und Heimsuchung tagtäglich macht. Ihr soziales Werk, dem sie sich im Winter 1917 verschrieben hat, dauert ein gutes Jahr.

Am 11. November 1918 erreichen die Amerikaner, dass Deutschland die Waffen niederlegt. Der Erste Weltkrieg ist zu Ende. Toronto feiert den Sieg, taumelnd vor Begeisterung, jubelnd, pfeifend und mit wehenden Fahnen. Amelia beobachtet das Treiben der Masse auf den Straßen der kanadischen Hauptstadt und ist entsetzt. Jubel über den Frieden, ja! Doch um welchen Preis! Tote, Verletzte, Krüppel auf ewige Zeiten! Sinnlosigkeit. Sie wird zur Pazifistin. Verabscheut den Krieg und die Männer, die ihn entfesseln. Wendet sich gegen jede

Gewalt. Sie will Medizin studieren, um selbst Akzente zu setzen, statt auszuführen, was andere, vor allem Männer, sie anweisen zu tun.

Vorerst setzt sie aber ihre Schwesterntätigkeit fort. Bis zum Frühjahr 1919, weil es immer noch mehr als genug Soldaten gibt, die unter ihrer Verwundung leiden. Hinzu kommt im Januar eine schwere Grippewelle, die mehr Tote fordert als das gerade vergehende Blutvergießen. Amelia, die im Hospital ganz besonders den Grippeviren ausgesetzt ist, zieht sich eine schwere Nebenhöhleninfektion zu. Antibiotika will sie keine; sie begnügt sich mit Inhalieren und wird nicht ganz gesund.

Ende Februar 1919 verlässt Amelia Toronto, um ihre Schwester zu treffen, die in der Zwischenzeit eine Schule in Northampton, Massachusetts, besucht. Ihre Eltern leben immer noch getrennt. Ohne wirkliches Zuhause, müde und erschöpft, kauft Amelia sich in Northampton ein Banjo und belegt einen Kurs für Automechaniker. Muriel staunt wieder einmal über ihre Schwester und gesteht, sie bewundere ihre Vielseitigkeit. »Artistic and impractical on the one hand and scientific and practical on the other«, so äußert sie. Amelia bleibt bis zum Sommer bei ihrer Schwester. Dann fährt sie nach New York, wo sich Amy am Lake George, einem Naturflecken für gestresste New-Yorker, in einem Sommerhaus einmietet.

Am Lake George lernt Amelia die Nachbarn ihrer Mutter kennen. Walter und Clara Stabler. Die Stablers haben schon zwei erwachsene Kinder. Frank und Marian. Frank macht Amelia mit anderen jungen Leuten bekannt. Der Krieg ist zu Ende, und Amerikas Jugend tanzt Charleston und trinkt Gin. Feiert ausgelassene Partys. Marian kommt im August hinzu. Sie freundet sich mit Amelia an. Marian studiert in New York Kunst.

Mit Marians Kommen nehmen die Partys für Amelia ein Ende. Die beiden jungen Frauen ziehen es vor, abends vor dem offenen Feuer zu sitzen, zu lesen, über allen möglichen Unsinn zu reden oder sie denken sich Parodien auf die gängigen Schlager des Sommers aus.

Marian bewundert Amelia, die hervorragend Tennis spielt, schwimmt und überhaupt durch ihre sportliche Figur besticht. Sie hat so etwas knabenhaft Verwegenes, einerseits, und andererseits versprüht sie die Strenge einer unnahbaren Schönheit. Ungeschminkt, aber mit langen blonden Haaren.

Gegenüber Marian äußert Amelia, dass sie sich entschlossen habe, im Herbst Medizin zu studieren. In New York. Sie wolle sich an der Columbia Universität für die Vorbereitungskurse einschreiben, sie verspüre den Drang, zu helfen. Es sei ernst. Nur wolle sie künftig ihr soziales Werk stärker als Entscheidungsträgerin statt als Befehlsempfängerin fortsetzen.

Zum Wintersemester 1919 geht Amelia nach New York. Neben der Medizin interessiert sie sich für französische Literatur, findet ein Zimmer in einem Haus, das von mehreren Studenten bewohnt wird, und fügt sich ein in ihr Studium als angehende Ärztin. Allerdings ohne zu wissen, ob sie die Universität mit oder ohne Zertifikat verlassen wird.

Die lange Abstinenz vom Lernen erschwert den Einstieg in ihr neues Leben. Doch Amelia ist eisern, und so arbeitet sie jeden Abend ausführlich ihre Lektionen durch. Außer am Donnerstag. Regelmäßig laden Stablers sie an diesem Tag zum Dinner ein. Marian und sie besuchen anschließend oft noch Konzerte in der Carnegie Hall, wo sie sich für fünfzig Cents Stehplätze in den hinteren Rängen leisten. Amelia wirkt müde auf ihre Freundin. Mit dicken schwarzen Rändern unter den Augen, blass und abgearbeitet. Obwohl sie der Meinung ist, das Ziel ihres Lebens in der Medizin zu finden, bricht Amelia ihr Studium nach dem zweiten Semester im Sommer 1920 ab, weil ihr Vater Edwin sie und Amy zu sich nach Los Angeles einlädt. Er arbeitet wieder als Jurist, nachdem er den Alkohol leidlich bekämpft zu haben scheint. Als Anwalt in eigener Kanzlei.

Amy, die in Neuengland lebt und der es gesundheitlich nicht gut geht, hat sich zu einer Operation durchgerungen. In Boston will sie den Eingriff vornehmen lassen, vor dem es wohl kein Entrinnen mehr gibt. Amelia überredet ihre Mutter, sich in Kalifornien operieren zu lassen. Dann könnten sie und Muriel sich den ganzen Sommer um sie kümmern. Amy gibt nach.

Gegenüber Muriel lässt Amelia durchblicken, sie werde versuchen, die Eltern wieder zusammenzubringen. Wenigstens so lange, bis Muriel ihr College beende. Dann wolle sie zurück nach New York, um ihr Studium fortzusetzen, um ihr eigenes Leben zu leben. Ein paar Tage später fährt Amelia quer durch den Kontinent an die Westküste nach Los Angeles. Das Helfersyndrom und die ewige Ungeduld fordern ihren Preis: agieren, sofort und ohne Umschweife. Sie, die eigentlich Hilfe von anderen bräuchte, fährt heim, um zu helfen. In diese Stadt mit dem widersprüchlichen Charakter, geprägt vom schnellen Erfolg bis hin zu der Aussicht, dass mit der nächsten Überschwemmung oder dem nächsten Erdbeben alles ganz rasch auch wieder vorbei sein konnte. Derzeit schießen in L. A. an jeder Ecke private Flugfelder aus dem Boden. Und im gegenüberliegenden Hollywood haben sich vor wenigen Jahren die ersten Filmstudios angesiedelt, in der Absicht, New York demnächst als Zentrum der Filmindustrie abzulösen.

Amelia ist dreiundzwanzig Jahre alt. Sie ist längst schon eine kleine Persönlichkeit, obwohl sie noch jung ist. Ihre langen blonden Haare frisiert sie meistens zu einer Nackenrolle zurecht, und auch in ihrer Kleidung gibt sie sich noch mädchenhaft viktorianisch. Doch das und vieles mehr sollte sich, eingedenk der Erziehung, die Edwin ihr als Kind zukommen ließ, in den nächsten Monaten gründlich ändern. Nicht nur die USA stehen am Beginn des spannenden Jahrzehnts der wilden Zwanziger, sondern auch Amelia. Sie bricht auf zu neuen, höchst außergewöhnlichen Ufern.

4. Kapitel

Freiheit über den Wolken

Ärztin wollte sie werden. Nun fliegt sie ein Flugzeug. Im Januar 1921. Zusammen mit Neta Snook, die sich abmüht, der eigenwilligen jungen Dame das Zeug beizubringen, das man braucht, um den Flieger oben zu halten. Schuld an allem ist Edwin, der sie an den Weihnachtstagen zu einer Flugschau am neuen Dougherty Airfield in Long Beach mitnahm.

Am Tag danach saß sie mit Frank Hawks in einem offenen zweisitzigen Doppeldecker, den Hawks steuerte, hob mit ihm ab und war sofort der Meinung, dass sie selbst fliegen müsse. Fliegen oder sterben. Dazwischen gebe es nichts mehr. Einzig Fliegen sei ihr heißester Wunsch. Nichts anderes wünsche sie sich sehnlicher. Denn Fliegen sei, die Freiheit über den Wolken zu spüren.

Hawks hat Edwin daraufhin empfohlen, sich am Kinner Field von Winfield Bert Kinner, an der Ecke Long Beach Boulevard und Tweedy Avenue, einem kleinen Flughafen ein paar Kilometer südlich von Los Angeles, umzusehen, falls er seiner Tochter ihr Begehren wirklich erfüllen wolle. Bert Kinner ist vor fünf Jahren nach L. A. gekommen. Er hat gleich nach seiner Ankunft eine Autowerkstatt eröffnet, baute die Sportkarosserien für den Ford-T und 1919 ein eigenes Flugzeug. Dann lernte er den Vogel zu fliegen und erwarb schließlich den Acker am Long Beach Boulevard, um darauf eine Flugzeughalle, einen Hangar, zu setzen.

Ein Hamburgerstand, eine kleine Werkstatt mit einer Vorrichtung zum Betanken der Flugzeuge und ein paar Wohnquartiere vervollständigen seitdem Kinners Field, wo Amelia ganz sicher zwischen Kohlköpfen, Avocados und Palmen in die Lüfte steigen will.

Denn davon träumt in Amerika derzeit jeder. Vor allem die Männer sind besessen von der Idee, sich mit Hilfe der Technik in die Lüfte zu begeben, sich den uralten Traum vom Fliegen zu erfüllen. Fast sechstausend Jahre lang existierte die Menschheit, ohne diesen Zauber Wirklichkeit werden zu lassen. Bis die industrielle Revolution über den Alten und Neuen Kontinent hereinbrach und Dampfmaschinen, Glühbirnen und Spiegelteleskope zuwege brachte, schien alles auch wie ein unerfüllbarer Traum. Seit sich am 17. Dezember 1903 an der Ostküste Amerikas aus den Dünen von Kitty Hawk das erste Motorflugzeug, gebaut von den Brüdern Wright, in die Lüfte hob, sind jedoch die Pioniere der Luftfahrt ohne Ruhe und Rast. Amerika eröffnet den Wettlauf mit Europa und will wissen, wer schneller, höher, besser fliegen kann.

Anfang Januar 1921 muss Amelia aber erst einmal Neta Snook überzeugen, ihr für einen Dollar in der Minute Flugunterricht zu erteilen. Sie will eine Frau als Lehrerin. Keinen Mann. Neta Snook ist vierundzwanzig, so alt wie Amelia, und managt alles rund um Bert Kinner, der zusammen mit seiner Frau Cora hier draußen lebt und für sich, Cora und die Kinder das große Geld machen will. Neta, eigentlich Anita, fliegt eine alte Canuck, die sie sich selbst gebaut hat. Mit Flugunterricht und Rundflügen für Touristen über Los Angeles, Hollywood und die der Bucht vorgelagerten Inseln verdient sie ihr tägliches Brot und will in der Branche Karriere machen.

Sie ist eine von den Frauen, denen man alles zutraut. Bert Kinner, ihr Chef, ist von Neta überzeugt. Sie werde ihren Weg gehen, da ist er ganz sicher und lässt sie völlig eigenständig auf seinem Flugfeld wirken. Die Mechaniker vom Field kennen sie nicht anders als in Helm und einem ölverschmierten Overall, mit Händen, die denen der Männer in nichts nachstehen. Denn Neta Snook checkt ihre Maschine selbst. Jeder Handgriff, jeder Schraubenschlüssel sitzt akkurat, wenn sie an ihrer Canuck einen Check-up durchführt.

Amelia kommt mit ihrem Vater zum Flugfeld von Bert Kinner. Neta Snook mustert das Paar skeptisch. Tausende Amerikaner wollen zwar fliegen, doch diese Frau sieht eigentlich nicht danach aus, als ob sie dafür geschaffen sei, denkt Neta, als Amelia ihr entgegentritt. In ihrem braunen Anzug, ihrem seidenen Schal, der guten Geschmack verrät, und ihren weißen Handschuhen sieht sie wirklich nicht aus wie eine, die den Steuerknüppel energisch auf Kurs bringen will. Dazu diese vornehm akzentuierte, ruhige Stimme mit einem Hauch von Ostküste. Eigentlich beabsichtigt Neta abzulehnen, während Amelia sie anspricht. Doch dann entscheidet sie anders.

Vielleicht, weil Amelia ihr gesteht, sie wolle unbedingt fliegen, obwohl ihre Familie damit nicht einverstanden sei. Amelia, die nur mit einer Frau in die Lüfte steigen will, glaubt, dass der kleine Schwindel sie ans Ziel bringen werde, und da sich Neta Snook tatsächlich überreden lässt, gibt ihr der Gedanke, von der angeblich ablehnenden Familie zu erzählen, Recht.

Sie solle gleich morgen kommen, um mit dem Unterricht zu beginnen, beendet Neta Amelias ersten Besuch auf dem Flugfeld von Bert Kinner.

Amelia verlässt mit ihrem Vater den kleinen Flugplatz und ist überzeugt, mit dieser Frau eine vielversprechende Wahl getroffen zu haben. Für den Termin am folgenden Tag legt sie sich noch ein paar passende, praktische Kleidungsstücke zu und denkt im Augenblick mitnichten daran, die Universität so schnell wieder zu betreten. Jetzt wird sie fliegen. Nichts als fliegen. Und zwar selbst.

Am nächsten Tag bricht Amelia frühmorgens auf. Sie nimmt die Straßenbahn, um nach Long Beach zu gelangen. Unterwegs vertieft sie sich in ihr Buch über Flugzeuge, das sie am Vortag noch schnell aus der Bibliothek entliehen hat. An der letzten Haltestelle steigt sie aus, klemmt das Buch unter den Arm und legt die letzten drei Meilen bis zum Kinner Field zu Fuß zurück.

Dort wird sie bereits von Neta Snook erwartet. Diese zieht erstaunt die Augenbraue hoch, als sie ihre neue Schülerin mit dem Buch begrüßt. Vielleicht habe sie doch mehr zu bieten, als sie ihr zutraue, schießt es Neta durch den Kopf.

Sie schüttelt Amelia die Hand, worauf die beiden jungen Frauen in Richtung der geparkten Canuck verschwinden. Neta beabsichtigt, ihrer Schülerin am ersten Unterrichtstag direkt an der Maschine die wichtigsten Begriffe zu erklären. Dann will sie mit Amelia zu einem Rundflug starten, den sie normalerweise nur für Touristen fliegt. Doch das Wetter ist an diesem Tag so gut, dass ein Rundflug den richtigen Einstieg darstelle, meint sie gegenüber ihrer neuen Schülerin, die allerlei Fragen stellt.

Die Canuck, erzählt Neta, sei die kanadische Version der Jenny, auch JN-4 genannt, die im Ersten Weltkrieg von der Army für Trainingszwecke eingesetzt worden sei. Ihre Höchstgeschwindigkeit liege bei sechzig Meilen in der Stunde.

Amelia interessiert sich nicht nur für die Maschine, sondern auch für Neta, von der sie wissen will, wie sie ans Fliegen gekommen sei, wer ihr das beigebracht habe und wie sie über die Frauen denke, die Kinder, Küche und Kirche nicht als einziges Lebenselixier betrachten. Neta sieht Amelia an, die in ihren Kniebundhosen, Schnürstiefeln und taillierter Jacke wie eine Modepuppe neben ihr wirkt. Doch die Frage gefällt ihr. Sie denke darüber ähnlich wie einige andere Frauen, die etwas auf die Beine stellen wollten. Im Übrigen habe sie in Winfield Bert Kinner einen Chef, der sie alles uneingeschränkt machen lasse. Ohne jeden Vorbehalt. Und das sei ja schließlich selten.

Eine Frauenrechtlerin sei sie allerdings nicht, betont Neta und mustert Amelia, von der sie noch nicht weiß, was sie von ihr halten soll. Diese ungewöhnliche Frau gefällt ihr immer besser.

Beide Frauen nehmen nach einer Weile im Cockpit Platz. Amelia beobachtet jede einzelne Bewegung, mit der Neta ihr Flugzeug sicher startet. Der Flieger schaukelt über die holprige Rollbahn, dass einen der Mut verlassen könnte, doch Amelia ist mutig und Neta sowieso. Immer schneller wird die Maschine, die Räder scheinen sich fast zu überschlagen, und dann endlich hebt die Canuck ab. Neta peilt die Bucht an, zieht eine gewagte Schleife, und die zwei jungen Frauen befinden sich in einem Meer von Blau. Oben blau. Unten blau. Die Skyline von L. A. am Horizont. Kinners Field entschwindet ihren Augen.

Cora Kinner blickt der Maschine hinterher. Sie wundert sich, dass Neta einer Frau wie Amelia tatsächlich Flugstunden erteilt. Sie glaube nicht, dass diese lange bei der Stange bleibe, hat sie Neta wissen lassen, nachdem sie Amelia mit ihrem Vater am Tag zuvor am Field gesehen hat. Neta soll Bert Geld einbringen. Ob das mit dieser Frau gelinge, sei fraglich. Sich mit ihr einzulassen sei nichts als Zeitverschwendung, so Coras Vermutung, die in den letzten Jahren viele Leute kommen und gehen sah. Dass Cora zu sehr schwarz sieht, davon kann Neta sich schon bald überzeugen.

Die zwei jungen Frauen kehren nach einer halben Stunde

zum Kinner Field zurück. Neta setzt zur Landung an, verlangsamt die Geschwindigkeit, fliegt eine große Schleife, die immer geflogen werden muss, um unversehrt zwei Hochspannungsleitungen zu umgehen, und schon berühren die Räder den Boden, heben noch einmal ab, um gleich darauf das Feld nicht mehr zu verlassen.

Die Canuck schießt holpernd über den Acker, als wolle sie ihn umpflügen. Abrupt, so kommt es Amelia vor, bleiben sie stehen. Genauso will sie es bald selbst können. Eigentlich sei doch alles ganz einfach, kommentiert sie Netas Flugkünste.

Die nimmt den Helm ab und zuckt mit den Achseln. Dann verlassen beide das Flugzeug. Für den ersten Tag reiche es, befindet Neta und drückt Amelia noch ein paar Informationen über die Canuck in die Hand, mit der sie nach wenigen Tagen ihre Grenzen selbst herausfinden solle.

Der erste Tag am Field sei großartig verlaufen, erzählt Amelia ihren Eltern, die sich darüber freuen, dass sich Amelias Wunsch erfüllt. Amelias Laune wirkt ansteckend.

Amy strahlt, weil sie ihrer Tochter immer schon jeden Wunsch von den Augen abgelesen hat. Einerseits. Doch andererseits würde sie es auch gerne sehen, wenn Amelia Ärztin würde. Amys Freude ist mithin ambivalent. Da ihr Leben im Augenblick aber ohne problematische Vorkommnisse verläuft und sie sich von ihrer Operation im letzten Sommer gut erholt hat, ist Amy im Augenblick wirklich froh. Fast so, als schwebte sie selbst über den Wolken. Nach all den schwierigen letzten Jahren ein Geschenk des Himmels, das sie kaum mehr für möglich hielt.

Edwin freut sich besonders. Amelias Mut fasziniert ihn. Eigentlich macht sie, was er lange schon tun wollte. Abheben. In die Lüfte aufsteigen, alles hinter sich lassen, wieder zurückkehren, einzig wann man selbst es will. Frei sein. Die Freiheit über alle Zwänge stellen.

Die Freiheit ist ihm immer wichtig gewesen. Nur weil er frei sein will, ist er dabei, sein Alkoholproblem nun doch in den Griff zu bekommen. Seit er in L. A. als freier Anwalt wirkt und die Familie wieder beisammen ist, geht es Edwin besser. Er hegt große Hoffnungen für seine Tochter. Wünscht sich insgeheim sogar, Alfred würde noch leben, um das zu sehen. Diesen Mut hat sie von ihm. Von Edwin, den die Otis verachteten.

Amelia arbeitet Netas Ratschläge durch, vertieft ihre theoretischen Einsichten und ist sich ganz sicher, dass sie sehr schnell die Canuck manövrieren könne.

In den nächsten Wochen und Monaten entwickelt sie ein morgendliches Ritual. Sie steht früh auf, um die Straßenbahn zu erreichen, und legt die letzten drei Meilen zu Fuß zurück. Sie macht aus der Not eine Tugend, betrachtet den Meilenweg als geeignete Strecke fürs Konditionstraining und zwingt sich von der letzten Station bis zum Field einen langsamen Dauerlauf auf.

Der morgendliche Trab in steter Wiederkehr macht sie fit. Sie fühlt sich jeden Tag besser, schneller und wacher. Nach vollbrachter Tat geht es auf dem gleichen Weg zurück. Zusätzlich zum Fliegen sucht sie noch ein paar Gelegenheitsjobs.

Bei der Telefongesellschaft von L. A. wird sie fündig, wo sie als Aushilfe stundenweise wichtige Dollars fürs Fliegen verdient. Bei ihrem Vater hilft sie einmal in der Woche im Büro aus, und sie schreibt sich an der Universität ein, obwohl sie eine solche nicht so schnell wieder betreten wollte. Diesmal, um an der University of Kalifornia einen Fotokurs zu absolvieren. Denn sie beabsichtigt, ein Fotoatelier zu eröffnen, schnelles Geld zu verdienen und sich ein eigenes Flugzeug zu kaufen. Wirklich zu fliegen, wirklich frei zu sein, bedeute, eine eigene Maschine zu haben. Sie müsse ein eigenes Flugzeug besitzen, erklärt sie bereits nach der dritten Flugstunde der überraschten Amy, die eigentlich davon ausging, dass das Fliegen allein schon alles sei. Zusammen mit Jean Bandreth, einer Kommilitonin von der Universität, will Amelia ihre Idee verwirklichen, sobald sie das Zertifikat der Fotografin in der Tasche hält.

Amy gibt sich konsterniert und Neta ist begeistert. Die zwei Frauen freunden sich an und sprechen schon bald über mehr als nur die Canuck und das Fliegen. Dass sie gleich alt sind trägt dazu bei, dass Neta Snook in L. A. Amelias beste Freundin wird.

Amelia macht schnell gute Fortschritte. Sie ist so ungestüm, dass Neta sie in Kürze an den Steuerknüppel lässt. Nach vier Flugstunden in der Luft meint sie, Amelia sei ein Naturtalent. Und das ist sie wirklich.

Neta erlebt kurze Zeit später, was es bedeutet, mit einem solchen Talent unterwegs zu sein. Um am Kinner Field sicher zu landen, ist es notwendig, großzügig die Schleife entlang des Long Beach Boulevard zu fliegen. Nur so gelingt es, die zwei Hochspannungsleitungen zu umgehen, die acht Fuß auseinander liegen. Neta hat es oft genug erklärt und ist selbst immer die Schleife geflogen. Doch Amelia will direkt ohne Umweg zwischen den Leitungen hindurch. Im letzten Augenblick greift Neta ein und befördert das Flugzeug in die notwendige Fluglage. Als sie am Kinner Field vorschriftsmäßig landen, holt Neta tief Luft und sieht Amelia dabei streng an. Ob sie sich umbringen wolle, fragt sie ihre Freundin und schüttelt den Kopf.

Amelia staunt und meint, so dramatisch sei das sicher nicht, wenn man zwischen den Leitungen hindurchfliege. Als Mädchen sei sie einmal mit ihrem Schlitten unter einer Pferdekutsche durchgerutscht. Nichts sei damals passiert. Netas Aufregung könne sie überhaupt nicht verstehen. Neta regt sich häufiger auf. Sie hat auch allen Grund dazu.

Das Fliegen allein genüge ihr nicht, gesteht Amelia ihrer Freundin. Sie wolle gleichzeitig ein Auto fahren. Neta, die im Besitz des Führerscheins ist, solle ihr einen Wagen vom Leihservice besorgen. Neta macht, was Amelia wünscht, und kommt mit einem Ford-T zum Kinners Field zurück, wo Amelia ungeduldig wartet. Das Auto gefällt ihr, wenngleich der Ford nicht ganz einfach zu chauffieren ist. Aber das ist ja gerade die Herausforderung! Je schwieriger, umso besser! Amelia lässt sich von Neta zeigen, wie die drei Pedale, die Bremse und das Lenkrad zu handhaben sind, vertreibt sie auf den Beifahrersitz und startet nach kurzer Zeit den Ford, um eine kleine Spazierfahrt zu unternehmen. Die Mechaniker staunen, als der Wagen mit den zwei Frauen, Amelia am Steuer, den Flugplatz verlässt und ziemlich rasant in Richtung Long Beach Boulevard abbiegt. Dass Amelia ein Naturtalent ist, stellt sie auch beim Autofahren unter Beweis. Ihr forsches Temperament sorgt selbstverständlich für Aufregung. Neta greift wieder ins Steuer, denn Amelia kommt auf dem Weg zum Autoverleih von der Fahrbahn ab, nachdem sie schon Stunden mehr schlecht als recht unterwegs sind. Sie droht einen Zaun mitzunehmen. Im letzten Augenblick kann Neta das Schlimmste abwenden. Sicher und ohne allzu große Schramme am Auto treffen sie bei der Leihfirma ein. Schweren Herzens, aber vielsagend grinsend gibt Amelia die Schlüssel wieder ab.

Nachdem sie nun sowohl einen Wagen als auch ein Flugzeug eigenhändig steuert, ist ihr Netas Canuck absolut nicht mehr genug. Nun ist sie erst recht davon überzeugt, sie müsse eine Maschine haben, die ihr selbst gehöre.

Das Thema »Geld« ist zwar wieder in den Hintergrund gerückt, seit Amy ihre Erbschaft in Händen hält und Amelia sich eigene Dollars verdient, doch ein Flugzeug zu kaufen sei ziemlich teuer, versucht Amy ihre Tochter von der Unerfüllbarkeit ihres Wunsches zu überzeugen. Außerdem habe sie auch noch eine Schwester, der schließlich die gleichen Zuwendungen zuständen. Und ihr selbst Verdientes reiche ohnehin nicht aus. Edwin ist ebenfalls dagegen. Amelia setzt sich trotzdem durch.

Auch wenn ihre vielen Jobs, die sie mittlerweile ausübt, nicht das notwendige Geld einspielen, so erreicht sie damit aber doch Amys Zustimmung. Die Aushilfe bei der Telefongesellschaft in L. A. sieht Amy ihrer Tochter nach. Und natürlich auch die Hilfsdienste in der Kanzlei von Edwin. Fortwährend kopfschüttelnd kommentiert sie allerdings seit Wochen den Entschluss ihrer Tochter, mit Jean Bandreth den Fotoladen zu eröffnen, zumal sie Amelia bereits vor drei Jahren im weißen Kittel wähnte. Als Amelia aber sogar einen alten Lastwagen ankauft, nachdem ihr Fotogeschäft unerwarteter Weise schnell rote Zahlen schreibt, und für Baufirmen Kies ausliefert, geht Amys Geduld zu Ende.

Sie schreitet zur Tat und kauft Amelia ein Flugzeug. Gebaut von Winfield Bert Kinner. »Airster« nennt Kinner die Maschine, die Amelia so gut gefällt, dass sie diese um jeden Preis haben will – und Amy sie bezahlt. Sie ist ihr Geschenk an Amelia zu deren 25. Geburtstag. Am 24. Juli 1922. Voraussetzung ist allerdings, dass Amelia sich von ihrer wenig damenhaften Beschäftigung mit dem Lastwagen trennt. Sie soll den Truck verkaufen. Amy veräußert im Gegenzug die Otis-Villa in Atchison. Sie ist der Preis für Amelias Traum vom eigenen Flieger. Für die totale Freiheit über den Wolken. Amelia gibt ihr Transportgeschäft auf. Mit 25 Jahren wird sie stolze Besitzerin von Kinners »Airster«.

Sie streicht den Vogel gelb an und tauft ihn »Canary«. Die Proteste von Neta, die die Maschine als wenig tauglich abqualifiziert, oder die der anderen Piloten, die häufig am Kinner Field wirken und ebenfalls ihre Bedenken vortragen, richten bei Amelia wenig aus. Sie fliegt und die »Canary« ist ihre Maschine. Egal, was andere darüber denken oder äußern. Hindern kann sie nichts.

Neta solle ihr beibringen, die »Canary« zu starten, bedrängt Amelia ihre Fluglehrerin und Freundin. Vier weitere Unterrichtsstunden brauche sie wohl, bemerkt Neta und ist bereit, die Stunden unentgeltlich durchzuführen. Mit dem gelben Vogel, der am Flugfeld viel und kopfschüttelnd beachtet wird, gehen wieder jede Menge Aufregungen einher, denn so verwegen, wie Amelia einerseits agiert, ist die »Canary« andererseits eine schwer berechenbar zu fliegende Maschine.

Netas Befürchtungen erweisen sich als richtig. Der Flieger neigt zur Instabilität und segelt wie ein Blatt im Wind, wenn man bei Gegenzirkulationen nicht riesig aufpasst. Und dass einer der drei Zylinder des 60 PS starken Motors bisweilen verstopft und die Maschine dadurch unerwartet und plötzlich ihre Geschwindigkeit verringert, ist mehr als ärgerlich. Es ist gefährlich. Unfälle bleiben daher nicht aus. Amelia entmutigen die kleinen Zwischenfälle, die mit der »Canary« häufiger werden, keineswegs.

Nur Cora Kinner verteufelt die Pilotin, die sie ihrer Meinung nach ständig zu Tode erschrecke. Einmal, weil sie den Flieger in ihrem Kohlgarten statt auf dem Flugfeld landet, aussteigt und einfach davongeht, als sei nichts geschehen.

Auch Neta wundert sich über Amelias Lässigkeit. Sie selbst ist mutig. Ohne Frage. Doch Amelia ist nicht nur mutig, sondern unglaublich leichtsinnig, sorglos und unvernünftig. Sie werde ihre Lässigkeit noch mit dem Tod bezahlen, vermutet Neta, als sie wieder einmal gemeinsam mit ihr in die Lüfte steigt.

Amelia will zum sechs Meilen entfernt gelegenen Goodyear Field, um sich die neue »Cloudster« von Donald Douglas anzusehen. Auf dem Rückflug, kaum dass die beiden Frauen gestartet sind, gibt es Probleme mit dem dritten Zylinder. Die Maschine ist nur schwer zu manövrieren, sie verliert an Höhe. Alles deutet darauf hin, notlanden zu müssen.

Bevor es aber dazu kommt, versucht Amelia die »Canary« wieder hochzuziehen. Das Experiment misslingt. Sie streifen unweit vom Field die Kronen von ein paar Eukalyptusbäumen und bleiben darin hängen. Fahrgestell und Propeller sind beschädigt. Neta befürchtet das Schlimmste, klettert mühsam aus der Maschine und sieht sich nach Amelia um, von der sie hofft, dass sie ebenfalls unverletzt geblieben ist und nun endlich zu der Einsicht gelangen werde, dass die »Canary« nicht zum Fliegen tauge. Amelia jedoch hat bereits sicheren Boden unter den Füßen – und pudert sich die Nase. Auf die Frage, für wen sie schön sein wolle, erwidert sie gelassen, sie müsse gut aussehen, wenn die Presse eintreffe. Denn die ließe sich die Bruchlandung von zwei Frauen sicher nicht entgehen.

Amelia will unbedingt von Neta weitere Unterweisungen erhalten. Sie wolle nach dem Zwischenfall in den Eukalyptusbäumen noch sicherer werden. Aufzugeben komme nicht in Frage. Sobald die Maschine von Bert Kinner und seinen Mechanikern repariert sei, wolle sie weiterfliegen.

Neta ihrerseits denkt ans Heiraten. Sie ist befreundet mit William Southern, den auch Amelia kennt. Neta fragt sie, wie sie über William denke. Amelia findet ihn nett. Doch sie beschwört die Freundin, für einen Mann keineswegs ihrer Karriere als Pilotin aufs Spiel zu setzen. William Southern sei in ihren Augen ein Mann, der auch zu Hause die Hosen anbehalten wolle. Es werde sicher schwierig werden, nach der Heirat so zu leben wie vorher. Sie sei dann nicht mehr allein und könne ihre Entscheidungen nicht beliebig treffen.

Neta ihrerseits glaubt nicht daran, dass nach einer Heirat alles anders werde, betont sie nachdenklich, aber überzeugt. Ob Amelia sich ebenfalls verliebt habe, fragt sie die Freundin, die in letzter Zeit täglich mit einem älteren Herrn im schwarzen Cadillac auf dem Flugfeld aufkreuzt. Daran denkend, dass Cora Kinner ihr vor Tagen verächtlich zugeraunt hatte: »Der Sex des Mannes ist sein Geldbeutel, und dieser alte Playboy in der auffälligen Limousine ist doch nur typisch für eine wie Amelia, die die Gesellschaft der Techniker auf dem Field meidet.«

Amelia lacht. Powell Ramsdell, so der Name ihres neuen Begleiters, sei nichts anderes als eine platonische Bekanntschaft, der sich wie sie für die frühe kalifornische Geschichte interessiere. Sie habe ihn kennen gelernt, als sie zufällig in der Bibliothek seinem Chauffeur geholfen habe, ein paar Bücher über Kalifornien zu finden. Sie habe an dem Tag sechs dicke Wälzer entliehen, und Ramsdells habe ihr angeboten, sie nach Hause zu fahren, was sie dankend angenommen habe, denn die Bücher seien schließlich schwer gewesen und von der Bibliothek bis nach Hause sei es ein langer Weg. Nein, meint Amelia, verliebt habe sie sich nicht. Sie finde Ramsdells Gesellschaft angenehm. Das sei alles. Ans Heiraten denke sie sowieso nicht. Nichts sei schlimmer, als sich zu binden und dadurch die persönlichen Ziele aus den Augen zu verlieren.

Neta gibt ungeachtet der skeptischen Ratschläge William Southern das Jawort, und Amelia verliert ihre Fluglehrerin, die ihr in den letzten Monaten ans Herz gewachsen ist. Denn Neta Snook wird schwanger, gibt die Fliegerei auf, verkauft ihre »Canuck«. Ganz so, wie Amelia es ihr vorausgesagt hat. Mit ihrer Ehe – Amelia hat es befürchtet – ist alles anders. Bevor Neta jedoch aufhört, engagiert sie für ihre Freundin den besten Fluglehrer, den sie aufbieten kann. John G. Montijo, der Inhaber einer Flugschule gegenüber Kinners Field, soll Amelia künftig weiter trainieren.

Montijo, genannt Monte, ist einer von denen, die alle möglichen Kunststücke in der Luft vollbringen. Er flog früher für die Army und arbeitete als Stuntman für die Goldwyn-Studios. Er ist einer der besten Piloten von L. A. Gemeinsam mit seiner Frau Alta betreibt Monte ein Restaurant und fliegt für einen der reichen Ölbarone, was ihm beachtliche Reputation einbringt.

Gutaussehend, stets sonnengebräunt und muskelgestählt, strahlt Monte die sportliche Flugtauglichkeit aus, die Amelia zu lernen beabsichtigt. Er ist für sie genau der Richtige. Bereits nach siebenstündiger Unterweisung ist er der Meinung, sie fliege wie ein alter Hase.

61

Amelia will alles von ihm wissen. Jedes Gespräch dreht sich um Motor und Technik. Der schöne Monte ist fasziniert von ihrer notorischen Neugierde, die er hinter dem kurzen blonden Haarschopf nicht vermutet hatte. Längst hat Amelia ihr langes Haar der Schere geopfert. Sie will herb und männlich wirken, damit keiner auf die Idee kommt, in ihr etwas anderes als eine Pilotin zu erkennen. Montijo ist begeistert, wenn er Amelia alles erklärt und sie ihm hingebungsvoll zuhört. Dieses Weib im ölbefleckten, zerknitterten braunen Ledermantel gefällt ihm. Er kann nicht ahnen, dass Amelia ihrem geliebten Leder Öl und Knitterlook eigenhändig und in purer Absicht zugefügt hat. So was habe er noch nicht erlebt, gesteht Monte gegenüber seiner Frau Alta, wenn er bei ihr zum Essen im Restaurant, wo sie arbeitet, einkehrt. Alta überlegt, ob sie Eifersucht verspüren oder mit ihrem Mann gemeinsam die außergewöhnliche Amelia bewundern solle. Aber Alta kann beruhigt sein. Amelia hat keine Augen für Monte, sondern einzig für Motoren

Am 22. Oktober 1922, gut eineinhalb Jahre nach der ersten Unterrichtsstunde durch Neta Snook, will Amelia während eines Flugtreffs am Rodger's Field ihren ersten Rekord fliegen. Beim Aero Club von Southern California erkundigt sie sich nach einem Höhenschreiber und bittet die Techniker, das Gerät in ihre »Canary« einzubauen.

Edwin und Muriel kommen zum Field, um ihre Flugkünste zu bewundern, wobei sie diesen aber verschweigt, dass sie einen Höhenrekord plant. Vater und Schwester begleiten Amelia zu ihrer Maschine, deren Cockpit für diesen Tag offen ist. Sie will mit dem Höhenschreiber, aber ohne Sauerstoffzubehör, so weit wie möglich nach oben steigen, in der Absicht, eine Höhenmarke aufzustellen.

Es ist ein nebliger Tag. Schneeregen liegt in der Luft. Ohne Respekt vor den Widrigkeiten des Wetters steigt Amelia mit ihrer unzuverlässigen »Canary« in die Höhe. Die Maschine verliert bald an Geschwindigkeit. Amelia kommt unversehens wieder herunter.

Sie startet einen zweiten Versuch. Diesmal überwindet sie die Nebelgrenze und stößt vor bis auf vierzehntausend Fuß. So lange, bis der Motor zu stocken beginnt. Sie fürchtet zwar den totalen Motorausfall, doch sie behält die Nerven und lässt die Maschine unter die Nebelgrenze auf dreitausend Fuß trudeln.

Im nächsten Augenblick setzt sie zur Landung an und bringt die »Canary« sicher nach unten, steigt aus dem offenen Cockpit und sieht einem erstaunten Publikum ins Auge.

Einer der älteren Piloten kommt auf sie zu und beschimpft sie als leichtsinnig. Die Frage, was passiert wäre, wenn der Nebel sich selbst am Boden ausgebreitet hätte, lässt sie trotzig unbeantwortet. Sie nimmt die Kritik, die wenige Augenblicke später in Bewunderung umschlägt, gelassen hin und feiert ihren Rekord, den der Aero Club ihr an diesem Tag zuspricht.

Amelia bezeichnet ihn lapidar als »Ausloten der Höhengrenze«. Sie wird noch mehr Rekorde fliegen und über den Wolken, wo die Freiheit grenzenlos ist, jede Menge Aufsehen erregen.

Am 15. Mai 1923 erhält Amelia Earhart von der Federation Aeronautique Internationale die Lizenz, zu fliegen. Sie ist weltweit die sechzehnte Frau, die ein Flugzeug steuern darf. In diesem Sommer wird sie sechsundzwanzig Jahre alt. Sie hat Blut geleckt und fiebert nach Grenzenlosigkeit. Sie will im Fliegen die Mutigste und natürlich die Erste sein, wenn es ums Übertrumpfen geht.

5. Kapitel

Schicksalsschlag und Silberstreifen

Amelia ist krank. Ihre Nasennebenhöhle hat sich, wie vor Jahren im kanadischen Toronto, erneut entzündet. Sie fühle sich nicht besonders wohl, klagt sie seit Tagen. Aber auch Amy und Edwin werden von ihren alten Problemen eingeholt. Amy ist wieder einmal mittellos. Sie hat ein kleines Vermögen verloren. Denn die Earharts haben große Teile ihres Ererbten in eine Gipsmine gesteckt, von der sie glaubten, sie werde ihnen immer während harte Dollars bescheren. Doch ein Unwetter zerstörte diesen Traum vom Glück, das ihnen so wenig geneigt zu sein scheint. Ihre Mine im Norden Kaliforniens ist hoffnungslos überflutet und irreparabel beschädigt.

Einer der Arbeiter kam sogar ums Leben. Amelia war bei dem Unfall dabei. Sie konnte sich früh genug in einen Lastwagen retten. Edwin hat seitdem wieder Probleme mit dem Alkohol.

Er vernachlässigt seine Kanzlei und empfindet sich erneut als Versager, obwohl niemand ihm einen Vorwurf macht. Dass Amy allerdings mehr als verärgert ist, entgeht ihm nicht, und so kommt alles so, wie es kommen muss. Amy reicht im Frühjahr 1924 die Scheidung ein.

Sie will zusammen mit ihren Töchtern an die Ostküste nach Neuengland zurückkehren. Amelia soll sie auf der Reise quer durch den Kontinent bis nach Boston begleiten. Sie ist tatsächlich bereit, ihr geliebtes Kalifornien, das ihr den Traum von der Freiheit bescherte, gemeinsam mit ihrer Mutter zu verlassen. Ihr bleibt auch gar nichts anderes übrig, denn ohne Geld lässt es sich nicht gut fliegen, und ihre Mutter ist ein wichtiger Halt in ihrem Leben. Außerdem fühlt sie sich für Amy verantwortlich. Sie will sie in dieser schweren Zeit nicht allein lassen und beabsichtigt, mit der Airster an die Ostküste zu fliegen, was Amy allerdings ablehnt.

Schließlich einigen sich Mutter und Tochter darauf, dass Amelia ihre geliebte Maschine verkauft. Von dem Erlös soll dann ein Auto angeschafft werden, in dem beide die Reise nach Boston antreten wollen. Muriel kommt später mit dem Zug nach, sobald sie ihren Lehrerjob in Huntington Beach beenden kann.

Amelia ersteht in diesen Tagen einen gebrauchten Kissel, einen Roadster, Baujahr 1922, der schön und ausgefallen aussieht. Wenn ein solcher Nackenschlag schon wegzustecken ist, dann auch richtig! Einen Ford chauffierten zu dieser Zeit schließlich alle Amerikaner, die sich ein Auto leisten können! Da der Wagen aus zweiter Hand sei, befindet Amelia, könne sie sich diesen schließlich erlauben! Ein neuer Ford sei sogar viel teurer!

Der Kissel besticht durch die Tatsache, dass er ein Sportwagen ist, er verfügt auch über große, in Nickel eingefasste auffällige Scheinwerfer und erstrahlt in einem eigenwilligen Gelb, das einzig von schwarzen Kotflügeln unterbrochen ist. »Yellow

Peril« nennt Amelia ihr neues Gefährt, auf das sie mächtig stolz ist. Auch wenn sie ihr Flugzeug dafür hergeben musste und von Cora Kinner schon bald erfährt, dass der neue Besitzer der Airster gleich bei seinem ersten Flugversuch abstürzte. Die Maschine war explodiert und hatte einen riesigen Feuerball entfacht, der sich über den gesamten Boulevard ergossen hatte. Beide Insassen waren bei dem Unfall ums Leben gekommen.

Amelia ist bestürzt, reagiert schockiert, als sie von dem Unfall erfährt, wenngleich sie der Auffassung ist, dass auch nicht jedermann ihre Maschine steuern könne. Schon gar nicht die Airster, die – und keiner weiß es so gut wie sie selbst – eine schwer zu handhabende Maschine sei. Der Tod gehöre beim Fliegen dazu, das müsse man immer bedenken, wenn man ein Flugzeug besteige. Mehr äußert sie dazu nicht.

Bevor sie mit ihrer Mutter nach Boston aufbricht, unterzieht sich Amelia in Los Angeles einer Operation. Die Entzündung ihrer Nasennebenhöhle macht den Eingriff notwendig. Die Ärzte raten ihr, sich in Boston abermals operieren zu lassen, sobald sie dort ankommt.

Im Mai 1924 verlässt Amelia mit ihrer Mutter Los Angeles. Die zwei Frauen in dem gelben Kabrio, gesteuert von der 27-jährigen Amelia, sind ein ungewohntes Bild auf Amerikas Straßen. Wo immer sie hinkommen, fallen sie auf. Manch einem Lokalreporter sind sie Ereignis genug, um ihnen in der Klatschspalte der Zeitungen eine Meldung zu widmen. Am 30. Juni 1924 erreichen sie schließlich nach sechswöchiger Coast-to-Coast-Tour Boston, wo Amy in einem Vorort ein Haus zu mieten wünscht.

In Medford findet sie, was sie sucht. Amelia begibt sich unterdessen ins Boston General Hospital, und Amy richtet sich in der 47 Books Street ein. Das Haus ist um die Jahrhundertwende gebaut worden, verfügt über einen schönen Garten mit alten großen Bäumen, Blumenbeeten im Vorgarten und erinnert in vielem an die Otis-Villa in Atchison, die Amy vor zwei Jahren verkauft hat, um Amelia den Traum vom eigenen Flugzeug zu erfüllen. Wenngleich das Haus von Richter Otis nun in andere Hände gelegt ist und die Airster in Trümmern liegt, so gibt Amy die Hoffnung nicht auf, in Boston ein neues Leben beginnen und an alte viktorianische Traditionen anknüpfen zu können.

Muriel findet kurze Zeit später eine Stelle als Lehrerin an der Bostoner Lincoln Junior High School und kommt nach. Amy äußert den Wunsch, dass Amelia an die Columbia University von New York zurückkehrt, um ihr Medizinstudium fortzusetzen. Amelia, die ihre zweite Nebenhöhlenoperation gut übersteht, folgt tatsächlich Amys Willen. Im September 1924 fährt sie erneut nach New York, um sich für das Studium der Medizin zu immatrikulieren.

In der quirligen Metropole trifft sie ihre alte Freundin Marian Stabler wieder. Diese hat inzwischen ihren Traum von der Kunst begraben und arbeitet als Versicherungsagentin. Marian ist entsetzt über Amelia, die auf sie einen kranken und ärmlichen Eindruck macht. Kein Vergleich zu der Zeit, in der sie sich kennen lernten. Der Kissel kann nicht darüber hinwegtäuschen. Im Gegenteil: Marian erkennt, dass Amelia ihr ganzes Geld aufwendet, um das gelbe Kabrio fahren zu können. Für weitere Annehmlichkeiten bleibt kein Dollar übrig.

Die beiden jungen Frauen finden aber ungeachtet der unglückseligen Veränderungen in Amelias Leben auch diesmal wieder schnell Gefallen aneinander und verbringen ihre freie Zeit oft zusammen. Trotzdem wird Amelia in New York nicht wirklich froh. Im Sommer 1925 kehrt sie der Columbia University zum zweiten Mal den Rücken. Sie will sich auch nicht am renommierten Massachusetts Institute of Technology für das medizinische Hauptstudium einschreiben, auf Grund der finanziellen Engpässe, die latent vorhanden sind.

Das große Haus, das Amy in Boston gemietet hat, verschlingt jeden Monat eine Menge Geld – das eigentlich nicht zur Verfügung steht. Die vormals begüterte Amy Otis Earhart verkörpert nichts anderes mehr als so etwas wie verarmten »Landadel« mit guten Manieren. An ein wirkliches Anknüpfen an alte Zeiten, wie Amy sich das bei ihrer Ankunft in Boston vorstellte, ist wirklich nicht zu denken. Amelia will ihrer Mutter nicht länger auf der Tasche liegen. In New York jedenfalls will sie in dieser Situation auch nicht bleiben.

Sie beschließt, einen Job zu suchen, um eigenes Geld verdienen und ihren Lebensunterhalt selbst finanzieren zu können. Außerdem ist sie inzwischen achtundzwanzig Jahre alt. Es sei an der Zeit, auf eigenen Füßen zu stehen, betont sie gegenüber Amy, die Angst hat, dass Amelia am Ende sogar ohne abgeschlossenes Studium und ohne jede Berufsausbildung dasteht.

Für Amelia kommt neben dem Verdienen des Lebensunterhalts noch hinzu, dass sie weiterhin fliegen will. Und das gehe nur, wenn sie selbst das notwendige Geld auftreibe. Wo ein Wille ist, da ist auch immer ein Weg, mag sich die eiserne Amelia gedacht haben, die hart gegen sich selbst sein konnte, wenn es darum ging, ihre Ziele durchzusetzen. Das hat sie in ihrem Leben mehr als einmal bewiesen. Die Sache mit dem Medizinstudium ist ihr zwar noch immer nicht ganz unwichtig, doch Fliegen ist wichtiger.

Die Freiheit über den Wolken, die sie in Kalifornien erlebt hat, ist stärker als alle Konventionen, zu denen ihre Mutter sie verpflichten will. Medizinstudium und Fliegerei lassen sich jetzt, nach der letzten Investitionspleite, nicht mehr vereinbaren, da gibt sich Amelia keiner Illusion hin. Jobben und Fliegen allerdings noch immer. Im Sommer 1925 entscheidet Amelia, an die kalifornischen Glücksgefühle anzuknüpfen. Diesmal in Boston.

In den folgenden Monaten findet sie tatsächlich einige Gelegenheitsjobs, mit denen sie sich über Wasser halten, den Sprit für ihren gelben Kissel Roadster finanzieren und ihren Traum vom Fliegen erneut verwirklichen kann. Sie gibt Englischkurse für ausländische Studenten an der University of Massachusetts in Boston. Im State Extension Service sind solche Programme vorgesehen, um ausländische Studenten auf Amerika vorzubereiten.

Natürlich stellt das keine Zukunftsperspektive dar. Amelia ist achtundzwanzig Jahre alt und nach wie vor unverheiratet, doch für mehr Perspektive will sie schon sorgen, das hier ist nur der Anfang. Ans Heiraten allerdings denkt sie dabei nicht. Sam Chapman, ein Freund aus L. A., der ihr nahe steht und ihr bis an die Ostküste gefolgt ist, um sie zu ehelichen, erduldet, dass Amelia Earhart eine Frau ist, die ihre beruflichen Ambitionen über das Private stellt. Sie lehnt seinen Heiratsantrag entschieden ab. Auch wenn es ihr für Sam, dem sie freundschaftlich verbunden bleibt, Leid tut. »I don't want to marry anyone«, sind ihre Worte gegenüber Marian Stabler, der sie von Sams Antrag erzählt.

Im folgenden Jahr, 1926, ergattert sie zusätzlich eine Teilzeitstelle als Sozialarbeiterin im Denison-House von Boston, ein so genanntes Settlement House, das für viele Einwanderer die erste Station in ihrer neuen Heimat Amerika ist. In diesem Gebäude, einem verwahrlosten großen Mietskomplex, leben vor allem Chinesen, Armenier und Syrer mit ihren Familien am Rande des Existenzminimums. Amelia übernimmt soziale Aufgaben. Sie widmet sich intensiv den Kindern. Sie freundet sich mit ihnen an, was ihr nicht schwer fällt, denn sie hängen an ihr wie die Kletten, nicht zuletzt wegen ihres auffälligen gelben Kabrios. Das Helfersyndrom ist nach wie vor tief in ihr verwurzelt. Marion Perkins, die Direktorin von Denison-House, ist überrascht. Amelias Engagement für die Ärmsten der Armen sei größer, als sie ihr anfangs zugetraut habe. Der gelbe Kissel wirke auf den ersten Blick irritierend, gesteht sie.

Doch auf den zweiten Blick sehe man klarer. Nach einigen Monaten bietet sie ihrer neuen Mitarbeiterin eine Vollzeitstelle an. Amelia zieht bei Mutter und Schwester in Medford aus und bezieht eine Dienstwohnung im Dension-House.

Die Fünftagewoche, die Amelia hat, wird unterbrochen von den Wochenenden, an denen sie fliegt. In Boston gibt es eine lokale Abteilung der National Aeronautic Association, der sie bereits direkt nach ihrer Ankunft in der Stadt beigetreten ist. Amelia wird sogar zur Sekretärin des Direktoriums von Denison-House gewählt. Übrigens: Amelia war es bereits in ihrer Anfangszeit in Denison-House gelungen, für Marion Perkins und ihre soziale Aufgabe einen Geldfond zu schaffen, indem sie Rundflüge über Boston machte. Daran erinnerte man sich. Eine wie sie werde dringend gebraucht, so die einhellige Meinung des Direktoriums.

Ihren chronisch mageren Geldbeutel – er gibt immer noch zu wenig her – versucht sie zusätzlich zu füllen, indem sie Kontakt aufnimmt zu ihrem alten Chef Bert Kinner und mit Lloyd Royer, einem Techniker, der gemeinsam mit Montijo am neuen Kinner Flugfeld in Glenwood/Kalifornien an einer Maschine baut. Sie beabsichtigt, mit Royer einen vor Wochen begonnenen Briefwechsel fortzusetzen, um endlich das Geld für den Lastwagen einzutreiben, der von dem unglückseligen Minengeschäft in Kalifornien übrig geblieben ist. Royer hatte den Truck für Amelia verkauft. Der Lastwagen war inzwischen zwar in anderen Händen, doch Amelia hatte noch kein Geld gesehen, weil der Käufer Zahlungsschwierigkeiten angab. Außerdem gehört ihr noch immer der Flugzeugmotor, den sie eigentlich Kinner überlassen wollte. Der Motor solle entweder anderweitig verkauft werden oder Royer solle ihn an sich nehmen und eine Maschine um ihn herum bauen, schlägt sie vor. Sie will jetzt wissen, was daraus wird. Royer aber hat noch nichts überlegt, erfährt Amelia.

Bert Kinner ist unterdessen äußerst geschäftstüchtig, was

Amelia sehr zugute kommt. Er hat ein Flugzeug mit einem fünfzylindrigen Motor konstruiert, das er unbedingt landesweit zu vermarkten wünscht. Er sucht dafür eine Verkaufsrepräsentanz an der Ostküste und trifft bei seinen Recherchen in Kalifornien den Architekten Harold T. Dennison aus Quincy/Massachusetts, der daran interessiert ist, in Boston einen Flughafen zu bauen. Wenn alles klappe, wolle er demnächst am Dennison-Airport, so solle der geplante Flughafen außerhalb Bostons heißen, seine Vertretung aufbauen, lässt Kinner sie wissen. Während Kinner mit Dennison verhandelt, bringt er Amelia ins Spiel. Er stelle sich vor, dass Amelia Earhart seine Verkaufsleiterin werde, äußert er gegenüber Dennison. Und dieser überlegt sich, Amelia als Gesellschafterin für seinen Flughafen zu gewinnen.

Amelia willigt ein, als man sie über das Vorhaben in Kenntnis setzt. Das wenige Geld, das sie hat, investiert sie in eine Firma, die den Flughafen bauen soll, und sie wird die Verkaufsrepräsentantin für Kinners Flugzeug am Dennison-Airport. Im Gegenzug darf sie die Maschine außerhalb der Geschäftszeiten für ihre privaten sportlichen Interessen nutzen. Am 2. Juli 1927 ist der Flughafen fertig. Die Bostoner Zeitungen feiern Amelia Earhart als Direktorin der Dennsion-Corporation. Spätestens seit diesem Datum erregt Amelia in der Bostoner Presse immer wieder Aufsehen. In steter Regelmäßigkeit gelangt sie in die Zeitungen, die sie als herausragende Pilotin preisen. Über 500 Soloflugstunden in der Luft sind ihr zwar zu eigen, was bemerkenswert ist, doch die Kommentare der Presse genügen ihr nicht. Denn eigentlich hat sie noch nichts geleistet, was ihren Ansprüchen an eine Karriere gerecht werden könnte. Zwar ist der Schicksalsschlag vom kalifornischen Minendesaster einem Silberstreifen am Horizont gewichen, aber ihre Pläne sind hochtrabender als alles bisher Erreichte. Denn das ist in ihren Augen nichts als Mittelmaß.

Amelia plant als nächstes, eine Frauenvereinigung zu gründen, die aus fortschrittlich denkenden Pilotinnen bestehen soll. Immerhin ist sie nicht die erste Frau in Amerika, die die Lizenz zum Fliegen erhalten hat. Sie schreibt an Ruth Nichols, die sie zwar nicht persönlich kennt, von der sie jedoch weiß, dass sie im Jahr nach ihr ebenfalls den Pilotenschein gemacht hat, in der Junior League Golf spielt, Tennis, Hockey und Polo zu ihren weiteren sportlichen Favoriten zählt und Boot, Auto und Motorrad fährt. Eine außergewöhnliche Frau also, mit der sie glaubt, eine Frauenvereinigung ins Leben rufen zu können. In ihrem Brief vermeidet Amelia sorgfältig das Wort Emanzipation, weil sie den negativen Beigeschmack des Blaustrumpfs, der den Frauenrechtlerinnen in jenen Tagen anhaftet, nicht in den Vordergrund rücken will. Es geht ihr vor allem um die Sache, nämlich Frauen zu vereinen, die genauso gut fliegen können wie die Männer, ihren Sport allerdings unter viel schlechteren Bedingungen absolvieren. Die meisten Frauen seien fliegerische Leichtgewichte, so das einhellige und allgemeine Urteil selbst im Land der unbegrenzten Möglichkeiten, wo die Frauen längst dabei sind, die Grenzen der Geschlechter zu hinterfragen. Für Amelia nichts als ein Vorurteil, gegen das es sich zu wehren gilt. Von Ruth Nichols kommt keine Antwort.

Stattdessen bekommt sie am 27. April 1928 einen Anruf von Captain H.H. Railey, ehemaliger Armyflieger und jetzt PR-Manager des berühmten Putnam-Verlags in New York. Er fragt sie, ob es ihr gefallen würde, über den Atlantik zu fliegen. Natürlich würde es ihr gefallen. Schließlich will sie so berühmt werden wie Charles Lindbergh.

6. Kapitel

Lady Lindy und ihre Piloten

George Palmer Putnam, der sich von seinen Freunden mit G. P. anreden lässt, blickt auf eine einträgliche Erfolgsstory zurück. Er ist der Verleger von Charles Lindbergh, der im Jahr zuvor als erster Mensch den Atlantik mit einem Flugzeug überflogen hat und seitdem als nationaler Held gefeiert wird. Ein Held ist dieser »Lucky Lindy«, wie Charles nun heißt, zweifelsohne. In Paris und New York haben ihm die Größen aus Politik und Wirtschaft die Hände geschüttelt und Präsident Coolidge heftete ihm das Ehrenkreuz der Luftwaffe an die Brust. Ein Mythos für die Massen ist der jugendliche smarte Charles allerdings erst, seit er sein Buch bei G. P. veröffentlichte, in dem er die Geschichte seines Lebens erzählt: von seiner Geburt in Little Falls im Jahre 1902 bis zu seiner Landung in Le Bourget/Paris am 21. Mai 1927.

»Wir« heißt das Buch, mit dem G. P. weniger auf den Flieger

und sein Flugzeug anspielt, sondern auf den Helden und sich selbst. Er hat den Titel eigenhändig und ohne Lindberghs Wissen ausgewählt. Knapp zwei Wochen nach Manuskriptabgabe liegen die Bücher in den Buchhandlungen. Sie entwickeln sich sofort zu einem fulminanten Renner. Innerhalb eines Monats verkauft sich die Lindbergh-Story 200 000 Mal. Sein Abenteuer ist eine Goldgrube für die Medien und die Werbeindustrie. »Wir« platziert sich auf den Bestsellerlisten und hält sich dort monatelang. G. P. plant Übersetzungen in die meisten großen Sprachen, Vortragstourneen durch die Vereinigten Staaten, Auftritte. Charles Lindbergh ist der Superstar der zwanziger Jahre, die Personifizierung des amerikanischen Traums der unbegrenzten Möglichkeiten im gigantischen Jahrzehnt der Roaring Twenties, in denen ein Amerikaner alles werden kann, wenn er nur will. Und mit ihm George Palmer Putnam.

Lindberghs Buch spielt seinem Verleger ein Vermögen ein. Genügend andere Piloten versuchen im selben Sommer, »Lucky Lindy« mit Flügen zur Alten Welt nachzueifern, doch keiner fliegt wie er. Mit anderen Worten: Der Lindbergh-Coup ist für G. P. nicht wiederholbar. Höchstens mit einer Frau, die den Atlantik überquert. Kaum ist dieser Gedanke geboren, schickt George Palmer Putnam seine Agenten los, die beste Pilotin Amerikas zu finden, um sie zur Ikone der Fliegerei zurechtzumanagen. Am besten, so erklärt er, sei es sogar, wenn sie Lindbergh in allem ziemlich ähnlich sei – in ihren Gesten, ihrer Mimik, ihrer Sprache und ihren Bewegungen. Nur eine vorzeigbare Amerikanerin komme für dieses Abenteuer in Frage. Richard Byrd kennt sie, und es ist nicht Amelia Earhart.

Byrd ist amerikanischer Marineoffizier und Flieger. Am 9. Mai 1926 flog er von Spitzbergen zum Nordpol und veröffentlichte anschließend bei G. P. seine Polarstory »Skyward«. Byrd habe seine dreimotorige Fokker an eine amerikanische Pilotin ver-

Charles Lindbergh, genannt »Lucky Lindy«, überflog 1927 mit der »Spirit of St. Louis« als erster den Atlantik. Die Erfolgsstory des Superstars der zwanziger Jahre war kaum zu toppen – allenfalls durch eine Frau. Genau das sollte Amelia Earhart als Ikone »Lady Lindy« gelingen. (Foto: ap, Frankfurt am Main)

kauft die darin den Atlantik überqueren wolle, erfährt der Verleger aus verschiedenen Quellen. Ein gewisser Rechtsanwalt, David. T. Layman, wisse mehr über sie. Putnam setzt sich sofort mit Layman in Verbindung und erfährt, dass es sich bei dieser Pilotin um die begüterte Amerikanerin Amy Phipps Guest handelt, die in London mit einem Briten verheiratet ist. Er beauftragt seinen Pressemann Railey, mit Amy Guest Kontakt aufzunehmen, um mit ihr den anvisierten Flug über den Atlantik auszuhandeln.

Der Plan scheitert, denn ihre Familie ist auf Grund der Gefähr-
lichkeit des Unternehmens nicht damit einverstanden, dass
Amy tatsächlich fliegt. Das Risiko, über dem Atlantik abzustürzen und dabei den sicheren Tod zu finden, sei viel zu hoch.
In den letzten Wochen habe dieses Schicksal schon mehrere
Piloten heimgesucht. Die Guests sind jedoch dazu bereit, ihre
Maschine für ein solches Abenteuer zur Verfügung zu stellen,
unter der Bedingung, dass die Pilotin eine attraktive und gebil-
dete Amerikanerin sei. Da G. P. ähnliche Vorstellungen hegt,
liegt nun alles am Geschick seines PR-Mannes Railey, sie im
zweiten Anlauf zu finden. Railey streckt noch einmal seine
Fühler aus, spricht mit allerhand Freunden, denn davon hat er
viele, und stößt diesmal auf Amelia Earhart. Er ruft sogleich
bei ihr an, und sie versucht, in sein Büro zu kommen.
Wenn alles schief laufe, bedeute der Termin bei Railey nichts.
Wenn Railey aber von ihr beeindruckt sei, dann werde das die
wichtigste Hürde für ihre Karriere sein, überlegt Amelia und
beschließt, Railey nicht zu lange warten zu lassen.
Sie betritt sein Büro – und er ist sofort, als er sie sieht, überzeugt, dass sie genau die Richtige ist. Er müsse sie leider aber
auf einen weiteren Termin in New York vertrösten, entschul-
digt sich Railey bei Amelia, nachdem er sich ein paar Minuten
mit ihr unterhalten hat. Es liege nicht in seiner Hand, die Entscheidung zu fällen, er sei ausschließlich für vorbereitende
Kontakte zuständig. Doch er sei, und das könne er bereits nach
kurzen Augenblicken beurteilen, sehr zuversichtlich, dass es
zu einem Vertragsabschluss zwischen ihr und seinem Auftraggeber kommen werde. Sie müsse sich aber nochmals nach
New York begeben und über alles schweigen, was er ihr über
das Projekt erzählt habe, sobald sie sein Büro wieder verlassen
habe.
Amelia geht und schweigt. Kein Wort zu ihrer Mutter Amy,
kein Wort zu Muriel, kein Wort zu ihrem Chef Bert Kinner,
den sie eigentlich in Kalifornien besuchen wollte, um sich aus-

führlich über den Vorgang mit dem Fünfzylindermotor zu informieren. Doch jetzt hat sie anderes im Kopf. Sie verschiebt ihren geplanten Flug und fährt ein paar Tage später erneut nach New York, wo sie sich für zwei Nächte bei Marian Stabler einlädt. Einzig Marion Perkins vom Denison-House weiht sie ein, nach Absprache mit Railey. Diese gesteht ihr zwei Wochen Urlaub zu und verspricht, den Mund zu halten, was Marion Perkins tatsächlich auch tut. Am Airport von Boston weiß niemand über die Vorgänge Bescheid. Alle vermuten Amelia irgendwo im Urlaub.

Sie fährt von Boston mit dem Zug nach New York, in diese Stadt, in die sie eigentlich nie mehr zurückkehren wollte. New York. Die Metropole am Hudson ist das Herzstück Amerikas. Nirgendwo pulsieren Wirtschaft und Hochfinanz heftiger als hier. Seitdem die Republikaner mit Warren G. Harding 1921 das Präsidentenamt von der Demokratischen Partei zurückeroberten, blühen die großen Geschäfte unvermindert. Hardings Adminstration war dermaßen mit Korruptionsvorwürfen belastet, in die sowohl Kabinettsmitglieder als auch die Behörden verwickelt gewesen sein sollen, dass mancher Amerikaner aufatmete, als 1923 Calvin Coolidge die Regierungsgeschäfte für den nach zweijähriger Amtszeit verstorbenen Harding übernahm. Coolidge verstand es, mit seinem Wahlslogan »Amerikas Geschäft ist das Geschäft« im Wahlkampf 1924 die Stimmung noch einmal anzuheizen und den Republikanern trotz der Affären und Skandale die Macht zu sichern. Coolidge ist seitdem unangefochten im Amt. Die Wirtschaft boomt. Wachstumsraten von jährlich fünf Prozent verhelfen dem Massenkonsum immer stärker zum Durchbruch. Die Unternehmensgewinne steigen ins Unermessliche, die Aktienkurse an der Wall Street überschlagen sich, es gibt kaum Arbeitslose und in Manhattan wachsen die Wolkenkratzer unaufhaltsam in den Himmel.

Analog zur prosperierenden Wirtschaft riecht es hinter den

Kulissen von Kultur und Gesellschaft nach Aufbruch. Die New-Yorker Buch- und Zeitungsverlage haben Weltklasse. Radiostationen schießen neuerdings wie Pilze aus dem Boden und treten als stilbildendes Medium täglich mit den Zeitungen in einen unvorstellbaren Wettbewerb. Seit 1927 im Warner's Theatre die Premiere des ersten Tonfilms »The Jazz Singer« läuft, sieht jeder Amerikaner fast wöchentlich einen Film. Film- und Werbebranche setzen den Trend und konfrontieren die Massen mit dem neuen »American Way of Life«. Professionell aufgezogene Sportveranstaltungen kommen in Mode, auf denen die Massen ihre Stars feiern. Baseballspieler, Boxer. Seit neuestem bejubeln sie ihren Superstar Charles Lindbergh, für dessen Auftritte G. P. die Fäden zieht.

George Palmer Putnam. Er hat einflussreiche Freunde. In der Politik, der Wirtschaft, bei den Banken: Überall dort, wo es um Publicity geht, ist er der Mann, um den sich alle reißen, die reich, geschäftig und schön sind, die eine Story zu erzählen haben oder die – wie er – ein Forum zur Selbstdarstellung suchen. Und er reißt sich um die, die Stars sein wollen, und um die Grenzgänger, aus denen die Medien Helden machen. Wirkliche Helden, lebendige, leibhaftige Heroes: Lindbergh, Byrd, Roy Chapman Andrews, Captain Bob Bartlett, Martin Johnson und andere. Sie sind die Aushängeschilder seiner Profession.

Um Forschungsreisen und Abenteuer dreht sich alles. Möglichst unter der Schirmherrschaft nennenswerter Gesellschaften. American Museum of Natural History und American Geographical Society versteht er, für sich zu vereinnahmen. Auch seinen fünfzehnjährigen Sohn David weiß er für die Geheimnisse des Planeten Erde zu begeistern. David reist mit Charles William Beebe in die Tropen, um die Tierwelt zu bestaunen, und begleitet seinen Vater auf einer Grönland-expedition. Natürlich schreibt er Bücher über solche Reisen, die G. P. verlegt. Und auch G. P. ist nicht nur Verleger, sondern

George Palmer Putnam um 1913, als er mit Dorothy Binney verheiratet war. 1927 nahm der erfolgreiche Verleger erstmals Kontakt zu der eigenwilligen Pilotin Amelia auf. Ihre Karriere begann mit dieser entscheidenden Begegnung, bei der sich Putnam in die Frau Amelia Earhart verliebte. Ihr aber war es wichtig, ihn vor allem von ihren Qualitäten als Fliegerin zu überzeugen. (Foto: ap, Frankfurt am Main)

ebenso begnadeter Buchautor. Ein Mann, der sein Geschäft versteht.

Amelia ist unterwegs, um ihn zu treffen. Railey hat für sie den Termin arrangiert, gemeinsam mit seinem und, wenn sie Erfolg habe, ihrem Auftraggeber sowie weiteren am Projekt teilnehmenden Personen. Wer und was das für Leute sind, weiß sie nicht. Sie weiß einzig, dass es darum geht, den Atlantik zu überqueren.

In New York angekommen, bahnt sich Amelia den Weg zu Putnams Büro. Sie hat keine Vorstellung von dem Verleger, der künftig ihr Schicksal in seine Hände nehmen wird. Und das ist auch gut so, sonst würde sie vielleicht anders entscheiden. Oder auch nicht, denn in ihr tickt eine fliegerische Zeitbombe, die sich entladen muss, egal, wer sie zündet. Putnams Sekretärin bittet sie, zu warten. Als sich die Türe endlich öffnet und G. P. heraustritt, um seine künftige Heldin zu empfangen, kann sich Amelia dem Habitus des Mannes, der groß, schlank und gut gekleidet vor ihr steht, kaum entziehen. G. P. ist einundvierzig Jahre alt und hat eine ungeheure Ausstrahlung. Die Putnams halten seit achtzig Jahren im Verlagsgeschäft erfolgreich ihren Namen. G.P. brilliert durch scharfsinnigen Verstand, gewählte Worte und sparsame, aber große Gesten. Und er liebt schöne Frauen. Amelia ist überwältigt von ihm, obwohl sie heftige innere Widerstände verspürt.

G.P.s Familie schaut auf eine große Geschichte zurück. Sein Großvater, dessen Initialen er trägt, gründete 1848 im Alter von vierunddreißig Jahren die Firma: G. P. Putnam's Sons and Putnam's Magazine. Große amerikanische Literaten des 19. Jahrhunderts werden hier verlegt. Vierzig Jahre später gehört der Firmengründer zu den Initiatoren des Metropolitan Museums of Art, das 1880 am New-Yorker Central Park eröffnet und sich zu einem der bedeutendsten Museen der Welt entwickelt. Beim Tode G. P.s übernahm sein Sohn, George Haven Putnam, 1872 die Firma. George Haven, inzwischen vierundachtzig, ist amtierender Präsident des Verlages, für den auch er Großartiges geleistet hat. Unter seiner Federführung konstituierte sich 1887 die American Publisher's Copyright League. Und auch das internationale Urheberrecht von 1891 wäre ohne ihn undenkbar.

George Palmer, der 1887 in Rye/New York als Neffe von George Haven das Licht der Welt erblickte, gibt dem Verlag, seit er Anfang der zwanziger Jahre in die Firma eingestiegen ist, selbstbewusst in dritter Generation noch einmal die große, neue Note, denn die Abenteurer und Grenzgänger der Roaring Twenties werden seine Klientel. Für sie arrangiert er die Projekte, bei denen sie mit ihrem Leben spielen und sich anschließend den Kopf zermartern, um exklusiv für ihn darüber zu berichten. Die Familientradition ist nachzulesen in seinem Gesicht, in das mit feinen Linien die Spuren des großen Erfolges hineingezeichnet sind. Seine Neigung zur Geste lässt ihn manchmal arrogant erscheinen, und so hat er neben zahlreichen Freunden jede Menge Feinde. Auch Amelia hält ihn zunächst für arrogant.

Putnam, der sie als angenehm kultivierte Erscheinung wahrnimmt, geleitet sie in sein Büro, in dem John S. Phipps, der Bruder von Amy Guest, Rechtsanwalt David Layman und Putnams PR-Mann Railey bereits an einem Tisch sitzen. Er macht Amelia mit Phipps und Layman bekannt, Railey habe sie ja schon getroffen. Sie begrüßt sie und nimmt zusammen mit G. P. in der Runde Platz.

Putnam stellt ihr das Projekt vor, für dessen Ausführung Railey sie angeworben habe. Sie solle mit der dreimotorigen Fokker von Richard Byrd, die inzwischen der Familie Guest gehöre, so bald wie möglich über den Ozean nach Europa fliegen. Sie erhalte für diesen Flug offiziell den Titel des Captain, doch solle Wilmer Stultz, der Testpilot von Richard Byrd, die Maschine fliegen. Louis Gordon werde als Copilot und Mechaniker ebenfalls an Bord kommen. Anschließend solle sie für

G. P. über ihren Flug berichten. Die Einkünfte aus Zeitungsartikeln, in die er ihre Berichte lancieren wolle, gingen in einen Fond ein, der für das Projekt aufgelegt worden sei. Stultz und Gordon erhielten eine Marge von zwanzigtausend bzw. fünftausend Dollar, erfährt die überraschte Amelia, die eigentlich davon ausgegangen war, dass sie selbst fliegen würde. Ihr Honorar bestünde darin, dass sie teilnehmen dürfe, als Commander firmiere und nach erfolgreicher Abwicklung, davon gehe er, Putnam, aus, mit fliegerischen Angeboten überhäuft werde. »Ich arrangiere für Sie die Kontakte und Sie ziehen den Honig daraus«, betont G. P. kühl und sachlich.

Amelia kann sich vom ersten Augenblick an vorstellen, dass G. P. immer bekommt, was er will. Sie spürt Groll in sich aufsteigen, doch sie zeigt ihn nicht. Sie werde sich alles in Ruhe überlegen, lautet ihre Antwort, aber nur unter der Bedingung, dass sie die Ausstattung der Maschine durchsehen, Wilmer Stultz bereits vor dem Flug kennen lernen und während der Atlantiküberquerung eigenständige fliegerische Leistungen vornehmen dürfe. Jeder in der kleinen Runde von Putnam über Phipps bis Layman ahnt, dass Amelia Earhart eine Frau ist, die man ernst nehmen muss, und das ist auch genau die Botschaft, die Amelia in diesem entscheidenden Augenblick ihrer angehenden Karriere vermitteln will.

G. P. äußert sich nicht zu ihren Forderungen, sondern stellt ihr für die nächsten Tage einen Vertrag in Aussicht, den Layman aufsetzen soll. Die Besprechung neigt sich dem Ende zu. Sie könne den Vertrag akzeptieren und ihn unterschrieben zurücksenden, oder aber ablehnen. Die Entscheidung liege nun bei ihr. Mit diesen Worten löst G. P. die Gruppe in seinem Büro auf. Er bietet Amelia an, sie zum Bahnhof zu begleiten, sofern sie direkt zurückreisen wolle. Sie will.

Auf dem Weg dorthin erzählt er von seinem Sohn David, der ihn auf der Grönlandtour begleitet und ein Jugendbuch darüber geschrieben habe, das auch in Putnams Verlag erschienen sei. Putnam ist immer in Eile. Und so setzt er Amelia ohne Umschweife ins richtige Abteil des Zuges nach Boston. Er hetzt zu seinem nächsten Termin, und sie kehrt heim.

Am selben Abend noch ruft G. P. bei Layman an, um ihm ins Gewissen zu reden. Der Vertrag müsse so abgefasst werden, dass Amelia Earhart ihre Interessen berücksichtigt fände, beschwört er den Anwalt. Egal, was Byrd oder ein anderer dazu sage. Er will auf gar keinen Fall riskieren, dass Amelia den Flug wegen dieser in seinen Augen lächerlichen Kleinigkeit verweigert. Wenn er allein entscheiden könnte, würde er sie ohnehin selbst fliegen lassen. Doch sein Polarfreund Byrd, der die Fokker umgerüstet hat, will unbedingt das Personal für den Flug zusammenstellen, und er ist schon wegen der Technik auf Byrd angewiesen. Immerhin muss die Maschine vor dem Flug noch einmal gründlich überholt werden. Und dafür braucht er seinen Freund und Autor Byrd. Auch ist Rücksicht zu nehmen auf die Guests, denen das Flugzeug gehört und die bei der Auswahl der Crew ebenfalls ein Wörtchen mitreden wollen.

Darüber hinaus ist G. P. sofort klar gewesen, als Amelia in seinem Büro erschien, dass nur sie in Frage komme, um an den Lindbergh-Erfolg anzuknüpfen. Er glaubt eine auffallende Ähnlichkeit zwischen ihr und dem jugendlichen Charles entdeckt zu haben. Und ist beeindruckt. Besonders ihr Sprechen, ihre ruhigen und effektvollen Bewegungen erinnern ihn stark an Lindbergh. Ebenso die nordisch blonden Haare und die blauen Augen, die auch Lindbergh charakterisieren, findet er eindrucksvoll. Diese Frau ließe sich als »Lady Lindy« vermarkten, genauso, wie er es ursprünglich geplant hatte.

Wenn die Lady ablehne, sei das ganze Projekt gefährdet und sie hätten keine Zeit zu verlieren, beschwört G. P. den Anwalt und drängt ihn zur Eile. Putnam weiß: Es wird gemunkelt, dass Mabel Boll und die Deutsche Thea Rasche das Gleiche vorgehabt hätten. Mabel Boll, auch »Lady aus Stahl« genannt, versuche seit Tagen, so heißt es, Wilmer Stultz als erfahrenen Piloten abzuwerben. Dieser habe nun Gott sei Dank Byrd zugesagt, im Auftrag Putnams zu fliegen. Die andere, Thea Rasche, behaupte neuerdings, mit Ernst Udet den Atlantik von New York aus bezwingen zu wollen. Als Flugdatum ist der 10. Juni durchgesickert und der Wettstreit ist somit in vollem Gange. Aber er, G. P., wolle Sieger sein, betont er nachdrücklich.

Layman wagt nicht zu widersprechen, auch wenn er bei Abfassung des Vertrags der Meinung ist, dass ein ergänzender Passus nur unnötige Komplikationen hervorrufen werde und er nicht Putnams, sondern Amy Guests Anwalt sei. G. P. aber setzt sich durch.

Bereits nach zwei Tagen trifft das Schriftstück bei Amelia ein. Innerlich höchst erregt, öffnet sie den Umschlag und liest. Layman ist tatsächlich auf ihren Wunsch eingegangen, mehr als nur eine Gepäckkiste sein zu können. Einmal in der Luft, habe sie die letzte Weisungsbefugnis, auch wenn Stultz die Maschine fliege, stellt Amelia mit Genugtuung fest.

Amelia unterschreibt den Vertrag, schickt ihn unverzüglich nach New York zurück und wartet auf weitere Anweisungen. Selbst jetzt erfährt niemand etwas über ihr Vorhaben, außer Marion Perkins. Stillschweigen zu bewahren ist nach wie vor das oberste Gebot, das G. P. jedem Beteiligten aufzwingt. Nichts dürfe nach außen dringen. Wenn die Maschine gecheckt sei und die Wetterverhältnisse es erlaubten, werde der Flug starten. Am besten noch im Mai, genau ein Jahr nach Lindberghs sensationellem Erfolg. Für ihn ist alles ganz einfach.

In Augenblicken aber, in denen Amelia jetzt allein ist, quälen sie Zweifel. Solange ihr Vorhaben nur in ihrem Kopf stattfand und weit entfernt war Wirklichkeit zu werden, stand für sie unwiderruflich fest, dass sie Karriere machen wollte. Nun suchen Bedenken sie heim. Sie fragt sich, ob es wirklich ratsam sei, dieses Wagnis einzugehen. Mitfliegen, nur um dabei zu sein, genügt ihren Ansprüchen absolut nicht. Das Flugzeug steuert ein anderer, und dieser Wilmer Stultz, vermutet Amelia, werde wohl niemals Anweisungen von einer Frau annehmen. Auch plagt sie der Gedanke an das Leben danach, sollte sie ihr Abenteuer heil zu Ende bringen. Amelia zwingt sich zu innerer Ruhe und beschließt, tatsächlich mitzufliegen. Und sie entscheidet im Stillen, für Marion Perkins weiterzuarbeiten, sollte sie lebend nach Hause zurückkehren.

Sie verfasst ein Gedicht, ihre wohl wichtigsten selbst geschriebenen Zeilen, weil sie darin viel über ihre Persönlichkeit preisgibt. Sie ist eine, die nach der Freiheit strebt und dabei gleichzeitig ahnt, dass die Freiheit nicht ohne inneren Kampf, nicht ohne Preis vonstatten geht. Freiheit erfordert Mut. Sie ist bereit, mit Mut zu bezahlen. Und wenn es sein muss, akzeptiert sie auch den Tod.

Amelia schreibt:

»Mut ist der Preis, den uns das Leben abverlangt, damit es Frieden uns gewährt.

Wer das nicht weiß, ist keiner, der Befreiung je erfährt von Kleinigkeiten.

Ist keiner, der die wilde Einsamkeit der Angst erfährt, noch Bergeshöhen, wo bittre Freude hören kann, wie Schwingen sich ausbreiten.

Wie kann das Leben uns gewähren Lebenssegen, wettmachen das stumpfgraue Hässliche und schwangernen Hass, wenn wir nicht wagen?

Das Herrschaftsrecht der Seele? Jedes Mal, wenn wir uns zu entscheiden trauen, zahlen wir mit Mut, dem unaufhaltsamen Tag ins Auge zu schauen, ohne das als teuer zu beklagen.«

Nachdem diese Gedanken formuliert sind, geht es ihr besser. Sie schreibt noch ihr Testament und Briefe an ihre Eltern Edwin und Amy, zu öffnen einzig im Falle ihres tödlichen

Absturzes. »Mein Leben war sehr glücklich, und es macht mir nichts aus, jetzt an das Ende zu denken«, bekennt sie. Sam Chapman soll die Briefe aufbewahren. Und er soll ihrer Mutter und Muriel erst von dem Auftrag erzählen, sobald sie mit ihren Piloten gestartet sein werde. Sie weiht Sam in ihr Geheimnis ein. Ansonsten verrichtet sie routinemäßig ihre zwei Jobs. Unter der Woche das Soziale für Ausländer und am Wochenende die Verkaufsrepräsentanz für Kinners Flugzeug am Dennison-Airport.

Während Amelia innerlich angespannt ist und äußerlich gelassen erscheint, gehen die Arbeiten am Projekt »Friendship«, wie Flugzeug und Unternehmen inzwischen heißen, unvermindert weiter. Neben Stultz und Gordon werden vier weitere Experten hinzugezogen. Louis Gower soll sich jederzeit als Pilot bereithalten, Navy Commander E. P. Elmer fungiert als technischer Berater, Captain William Rogers von der International Mercantile Marine wird angeworben, sich um das Kartenmaterial zu kümmern, und Dr. James H. Kimball vom US-Wetterbüro in New York soll die Wettervorhersage machen sowie den geeigneten Starttermin festlegen. Die Projektleitung liegt bei G. P. in New York, der mit Back-Stopping allerhand zu tun hat. Obwohl Stultz und Gordon drei beziehungsweise vier Jahre jünger sind als die 31-jährige Amelia, ist G. P. davon überzeugt, dass das Unternehmen professionell ausgeführt und damit gelingen werde. Er hat vollstes Vertrauen zu Amelia, deren bisherige Lebensgeschichte für Eigenwilligkeit und Stil spricht. Sie werde mit den beiden schon fertig werden und ihre Funktion ausüben. Er muss an diese Vorstellung glauben, denn es steckt eine Menge Geld in dem Projekt. Sein Geld. Sollte Amelia ihren Part wider Erwarten nicht beherrschen, lässt er einmal gegenüber seiner Frau Dorothy fallen, dann stehe einiges für ihn auf dem Spiel.

Anfang Mai ist die »Friendship« startklar. Doch Kimballs Wetterprognosen sprechen nicht dafür, dass die dreimotorige

Fokker im selben Monat noch in die Luft steigen kann. Byrd besteht zudem darauf, die Räder durch Pontons zu ersetzen und auf dem Wasser zu starten, aus reinen Sicherheitsgründen. Falls sie über dem Atlantik abstürzten, seien die Chancen, zu überleben größer, wenn man die Maschine mit Hilfe der Pontons auf dem Ozean notlanden könne, statt mit den Rädern ins Bodenlose hinabzugleiten. Alle denken an den Tod.

Die Pontons allerdings erfordern eine raue See, um auf dem Wasser starten zu können. Und die wird nur durch starken Wind und Wellengang hervorgerufen. Über dem Atlantik sehen die Bedingungen zwar gut aus, doch Wind und Wellen sind dürftig. Und so bleibt die »Friendship« vorerst am Flughafen von Boston. Ende Mai geben Kimballs Meldungen Anlass zur Hoffnung. Die Maschine wird zum nahe gelegenen Hafen verfrachtet und bei Amelia Earhart klingelt das Telefon.

Sie solle sich am Freitag, dem 1. Juni 1928, ins Copley-Plaza-Hotel begeben und in der Nacht auf Samstag zum Bostoner Hafen kommen, um an den Landungsbrücken die Fokker zu besteigen, die dort auf ihre Besatzung warte. Nachdem die Maschine in die Bucht geschafft worden sei, müsse jetzt alles auf ein schnelles Finale hinlaufen. Das Projekt trete in die entscheidende Phase ein.

Samstagmorgen in aller Frühe, um 3.30 Uhr, schrillt der Wecker. Amelia weiß, was sie zu tun hat. Sorgfältig zieht sie ihre Kleider an, steigt in die knielangen braunen Flughosen, die sie eigens für diesen Tag ausgewählt hat. Dazu passend eine weiße Seidenbluse und ein rotes Halstuch. Dann die hohen ledernen Schnürstiefel und ihre Lederjacke, mit der sie vor Jahren in Kalifornien so viel Aufsehen erregt hat. Darüber zieht sie einen pelzgefütterten Overall, den sie sich von Major Charles H. Wooley ausgeliehen hat, natürlich ohne ihm den tieferen Grund für ihr Ansinnen zu verraten. Amelia schaut in den Spiegel. Sie steht Auge in Auge mit ihrem Ich und weiß, dass Mut der Preis ist, mit dem sie in ihrem Leben zahlen wird. Doch sie will es so, und daran können auch kleine Zweifel nichts ändern. Sie ist fest entschlossen, ihren Weg zu gehen, und wenn es sein muss, dann ist es ein Weg, den zuvor niemand jemals gegangen ist. Allenfalls ein Mann. Frauen sollten tun, was Männer bereits gemacht oder noch nicht gemacht haben, überlegt sie sich wie schon so oft und verlässt ihr Zimmer, um in der morgendlichen Dämmerung durch die nassen Straßen von Boston zum Hafen zu gelangen.

Als sie an der Landungsbrücke eintrifft, sind die anderen bereits versammelt. Sie stehen in kleinen Gruppen, sprechend oder schweigend. Stultz, Elmer und Gower haben ihre Frauen mitgebracht. G. P. unterhält sich mit einem Kameramann, den er eigens für dieses Projekt angeheuert hat. Gordon ist mit Ann Bruce in ein belangloses Gespräch vertieft. Ann Bruce ist die Frau, die ihm den Flugsport finanziert. Jeder hat einen anderen dabei, an dem er sich festhält. Außer Amelia. Sie freut sich umso mehr, als sie Marion Perkins entdeckt. G. P. mustert Amelia, die, wie er findet, in ihrem Overall eine gute Figur abgibt. Er macht sie unvermittelt mit dem Kameramann bekannt, den er bereits instruiert hat. »Lady Lindy« gefällt diesem auf Anhieb. Während der Kameramann Amelia ins Visier nimmt und G. P. mit wachsender Genugtuung registriert, dass diese Frau ganz sicher das Zeug zur neuen Heldin hat, nähert sich ein kleiner Schlepper der Landungsbrücke und nimmt die eingeschworene Gruppe an Bord. Der Schlepper soll sie zur »Friendship« bringen, die weiter draußen in der Bucht liegt. G. P. lächelt Amelia aufmunternd zu. Sie schweigt.

Niemand spricht mehr ein einziges Wort. Ganz nah fährt der Schlepper an das Flugzeug heran. Jetzt heißt es Abschied nehmen. Amelia, Stultz, Gordon und Gower verlassen das Schiff und besteigen die Maschine, mit der sie nach Europa fliegen wollen. Gower soll bis Trepassey/Neufundland an Bord bleiben. In Trepassey ist der eigentliche Startflughafen.

88

Dort soll die Fokker voll getankt werden und Gower die Crew verlassen.

Als alle Mann an Bord sind, startet Gordon die drei Motoren, wofür er sich an den Pontons entlang hangeln muss, und schwingt sich anschließend in den Sitz, der für den Copiloten bestimmt ist. Wilmer Stultz ist bereits im Cockpit, Amelia befindet sich irgendwo in der Mitte der Maschine zwischen zwei mit Treibstoff gefüllten Reservetanks. Gower ist so weit wie möglich ins Heck des Flugzeugs vorgedrungen. Nachdem auch Gordon an Bord ist, entfernt sich der Schlepper von der Fokker, die in ihren goldfarben angemalten Flügeln herausfordernd zwischen Wasser und Himmel steht. Stultz gibt Gas. Die »Friendship« rast durch die Bucht, doch in die Lüfte steigt sie nicht. Dieser Vorgang wiederholt sich mehrere Male.

G. P. verfolgt vom Schlepper aus die glücklosen Manöver. Er sieht nervös auf seine Armbanduhr. Wenn der Wind nicht kräftig aufdreht, muss der Termin abgesagt werden. Dabei drängt der Start, denn die Wetterbedingungen über dem Atlantik blieben nicht ewig gut, ließ Kimball noch vor kurzem aus New York verlauten.

Während G. P. über Wind und Wetter nachdenkt, unternimmt die Crew weitere Versuche und entledigt sich einiger Benzinkanister, um Gewicht zu verlieren. Trotzdem steigen sie nicht auf. Putnam spricht mit Elmer und entscheidet, dass Standby-Pilot Gower von Bord kommen solle. Der Start müsse jetzt gelingen! Wenn es nicht anders gehe, dann mit weniger Besatzung! Endlich, am frühen Samstagmorgen gegen 6.30 Uhr, hebt die »Friendship« ab.

G. P. atmet auf. Nicht jedoch Amelia, die im Inneren des Flugzeugs just im selben Augenblick geistesgegenwärtig die Kabinentür mit festem Handgriff geschlossen hält, denn die Klinke ist gerade auseinander gebrochen und die Tür droht nach außen aufzugehen. Sie und Gordon sind in den nächsten Minuten damit beschäftigt, den unerwarteten Zwischenfall

wettzumachen. Gordon schnappt sich ein dickes Seil und ver-
knotet die Türklinke mit einem der größeren Benzinkanister,
die sie noch an Bord haben. Unterdessen zieht Stultz die Maschine weiter nach oben und die Kabinentür, vom Fahrtwind
heftig durchgerüttelt, springt trotzdem auf. Der Benzinkanister
rauscht, Gordons Seilkonstruktion völlig missachtend, quer
durch das Flugzeug, und Amelia hechtet hinterher, um ihn zu
halten. Dabei gerät sie selbst ins Trudeln und rollt dem offenen
Kabinenausgang entgegen. Im letzten Moment zerrt Gordon
sie auf ihren Platz zurück. Die Türe knallt wieder zu. Schnell
hält der Copilot die Klinke fest und verschließt sie mit dem Seil
an einem Haken im Türrahmen. Diese Konstruktion hält.
Amelia ist erleichtert.

Stultz erreicht inzwischen die notwendige Flughöhe. Die
Maschine gleitet mit einer durchschnittlichen Geschwindigkeit von 114 Meilen in der Stunde durch die Lüfte, man setzt
alles daran, die Küste Neuenglands zu verlassen. G. P. blickt
der Fokker lange hinterher. So lange, bis sie seinen Augen entschwindet. Von den Turbulenzen an Bord hat er nichts
bemerkt. Hoch oben am Himmel schiebt die Sonne sich hinter
einem Wolkenband hervor und lässt ihre frühmorgendlichen
Strahlen für einen kurzen Augenblick ungeniert ins Cockpit
einfallen. Stultz rückt sich seine Flugbrille zurecht. G. P. und
auch die Crew hoffen, dass ihnen das Wetter in den nächsten
vierundzwanzig Stunden keinen Strich durch ihre Berechnungen machen wird und sie wohlbehalten in Europa landen
werden. Ihr Ziel heißt England.

Lange hält die gute Stimmung an Bord nicht an, denn wenige
Augenblicke später legen sich dicker Nebel und ein neues
Wolkenband über die hellen Sonnenstrahlen. Stultz sieht fast
nichts mehr. Sie fliegen trotzdem weiter. Dreißig Meilen hinter Halifax/Kanada dreht er schließlich ab. Zieht mehrere
Schleifen. Der Nebel reißt auf. Für einen kurzen Augenblick
ist die Sicht so gut, dass sie die Naval Air Station von Halifax

entdecken. Stultz entscheidet sofort, dort zu landen. Er will auf jeden Fall noch einmal den aktuellsten Stand der Wettermeldungen hören. Gordon gibt sein Einverständnis. Amelia, die auf einem Benzinkanister in der Flugzeugmitte sitzt, ist damit beschäftigt, Eintragungen in ihr Notizbuch zu schreiben. Sie soll G. P. von unterwegs auf dem Laufenden halten.

Stultz bringt die Maschine in Halifax sicher nach unten. Er und Gordon steigen aus, um im Büro der Air Station die Wettermeldungen zu checken. Amelia bleibt allein im Flugzeug zurück. Stultz und Gordon sind ihre Piloten, und hier ist nicht der richtige Ort, um sich als »Lady Lindy« hervorzutun. Mittlerweile ist es 13.30 Uhr. Der Nebel lichtet sich und Stultz, inzwischen wieder an Bord, will starten. »Besser wird es nicht mehr«, sagt er. Sie steigen sofort auf. Auf halber Strecke nach Trepassey ist das Wetter abermals so schlecht, dass Stultz erneut lieber abbrechen als ins Ungewisse steuern will. Und tatsächlich, sie kehren zurück nach Halifax, um nun doch in aller Ruhe den weiteren Verlauf des Wetters abzuwarten. Stultz ist nervös.

In Dartmouth, ein paar Kilometer außerhalb von Halifax, finden sie ein kleines Hotel, wo sie sich einmieten. Stultz und Gordon wollen zum nächsten Chinesen, weil sie vor Hunger umkommen. Sie laden Amelia ein, sie zu begleiten. Die Lady lehnt ab. Sie will allein sein und bleibt im Hotel. Kaum sind die zwei Piloten im Restaurant eingetroffen, werden sie von den ersten neugierigen Reportern heimgesucht. Stultz gibt ihnen leidlich Auskunft. Er wolle am nächsten Tag starten, um nach Trepasey zu gelangen. Er sei ganz zuversichtlich. Viel mehr erzählt er nicht. Die Reporter lassen sich nicht abschütteln – erst recht nicht, nachdem sie erfahren haben, dass eine gewisse Amelia Earhart zu der Crew gehöre und sich in Dartmouth aufhalte. Sie wollen unbedingt ein Interview mit ihr machen. Im Hotel angekommen, stoßen sie allerdings auf beharrlich vorgetragenen Widerstand. Amelia weigert sich, auch nur eine einzige Frage zu beantworten. Sie verabscheut die Sensationsgier der Presse, die in ihren Augen allzu oft bloß heiße Luft um die Ecke schaufelt. Erst in England ist sie bereit, zu sprechen. Hier nicht.

Die Presse ist inzwischen in New York auch an G. P. herangetreten, und so gibt es doch in der Morgenausgabe der »New York Times« eine Schlagzeile auf der ersten Seite: »Boston Girl Starts Atlantic Hop, Reaches Halifax, May Go On Today«. Die Crew muss sich beeilen, denn G. P. will auch in den nächsten Tagen das Abenteuer »Friendship« auf der ersten Seite sehen. Andere sind nicht minder eifrig.

Am Morgen ist die Sicht so gut, dass Putnams Team in aller Frühe von Halifax aus nach Trepassey aufbricht. Bereits um 14.00 Uhr erreichen sie ihren Zielflughafen. Hier soll die Maschine für den Atlantikflug, der mittlerweile weltweit für die Nachrichten freigegeben ist, voll getankt werden. Da die Agenturen informiert sind, finden sich jede Menge Journalisten ein. Amelia besichtigt dort ein Kloster. Nur so kann sie den Reportern entgehen, die wieder hartnäckig versuchen, ein Interview zu bekommen. Da die Lady abermals verweigert, bleibt ihnen nichts anderes übrig, als die Frau zu beschreiben, die in Lederstiefeln lässig aus der Maschine klettert. Besser ergeht es einzig der Presse in New York, denn G. P. füttert dort die Agenturen mit den Meldungen, die sie an ihn verschickt: »Good trip from Halifax. Average speed 111 miles per hour. Motors running beautifuly. Trepassey harbor very rough … Everybody comfortably housed and happy.« Die Lady selbst hält sich bedeckt. Zurück bei ihren Piloten, erfährt sie, dass Stultz in den frühen Morgenstunden nach England aufbrechen will.

Der Start von Trepassey aus entwickelt sich zum Nervenkrieg. Die voll getankte »Friendship« verfügt über ein solch enormes Eigengewicht, dass wieder nur mit Hilfe eines hohen Windaufkommens daran zu denken ist, einen genialen Start hinzu-

Eine Frau überfliegt zum 1. Mal den Atlantishen Ozean.

Mis Earhartl stieg am 17. Juni 3,50 Uhr (mitteleurop. Zeit) in Tre
possÿ (Neufundland) auf u. landete nach 19½ Std. Flug um 1,40
im Hafen von Llanellÿ (Wales-England).

*17. Juni 1928: »Lady Lindy« vor dem Start in Neufundland. Die Vermark-
tungsstrategie ihres Entdeckers George Palmer Putnam hatte Erfolg. Sie war
schon jetzt eine Heldin, doch Amelia wollte selbst im Cockpit sitzen.*
(Foto: AKG, Berlin)

legen. Dieses Problem ergab sich bereits im Hafen von Boston. In Trepassey ist es nicht anders. Tagelang kommen sie nicht vom Fleck, obwohl die Windverhältnisse eigentlich nicht schlecht sind. Stultz wird immer nervöser. Amelia, die ihn nicht aus den Augen lässt, entdeckt, dass seine Hände manchmal zittern. Schnell entlarvt sie ihren Piloten als Alkoholiker. Auch die Gesichtszüge verraten Spuren übermäßigen Trinkens. Amelia ist entsetzt über ihre Entdeckung, doch sie schweigt. Vorerst jedenfalls, denn Stultz auf seinen Alkohol anzusprechen, ist zwecklos, da ist sie sich sicher. Nur zu gut hat sie in ihren Jugendjahren ihren Vater kennen gelernt, der unberechenbar werden konnte, wenn Probleme auftauchten oder kein Sprit verfügbar war. Sie musste damals einsehen, dass Alkoholiker ihre tägliche Ration benötigen, um ganz normal sein zu können.

Stultz' Griff nach der Flasche wird häufiger. Sie wohnen nicht mehr im Hotel, sondern haben ein kleines, einfaches Haus gemietet, das nicht viel für den Zeitvertreib bereithält. Amelia spielt mit Gordon Karten, oder beide verlassen einfach ihr Quartier, um der langen Zeit des Wartens wandernd zu entfliehen. Stultz trinkt. Ansonsten geht er zum Hafen, um unsinnige Flugmanöver zu starten. Den Ärger über die Misserfolge spült er mit Whisky herunter. Oder er liegt schlafend im Bett. Sein lautes Schnarchen durchdringt jede Ritze des hellhörigen Hauses, in dem die Stimmung mit jedem Tag, den sie festsitzen, gereizter ausfällt.

Presseberichte, die in dieser Zeit laut werden, tragen dazu bei, dass nicht nur Stultz, sondern auch Amelia einen tiefen Groll verspürt, den sie nicht überspielen kann. Die Regenbogenblätter beschreiben sie als hochverschuldete Frau, die aus dem Erlös des Fluges ihre Verbindlichkeiten tilgen wolle. Geld sei die einzige Motivation für ihr Abenteuer, heißt es. Auch ihr Vater Edwin wird ins Spiel gebracht. Amelia erfährt, dass sie eine Halbwaise sei, deren Vater sich nie um sie gekümmert

*Amelia und Captain Stultz – ein konfliktbeladenes Verhältnis.
Amelia bereitete sein immenser Alkoholkonsum während der Flüge
große Probleme.*
(Foto: Bilderdienst Süddeutscher Verlag, München)

habe. Als Gipfel der diffamierenden Berichterstattung empfindet sie allerdings, dass sie der Grund für die Startverzögerung sein soll. Die weibliche Psyche eigne sich nicht für solche Unternehmungen, mutmaßen sogar die seriösen Blätter. Am liebsten würde Amelia den Männern, die für solche Berichte verantwortlich zeichnen, gründlich die Meinung sagen, doch sie hält sich vornehm zurück.

Stattdessen telegraphiert sie ihrer Mutter Amy nach Medford: »Weiß, dass du verstehen wirst, warum ich dir Pläne des Fluges nicht mitteilen konnte. Mach dir keine Sorgen.« Und Amy antwortet: »Wir machen uns keine Sorgen. Wünsche, ich wäre bei dir. Viel Glück. Cheerio. In Liebe Mutter.« Amys Worte geben ihr Halt. Schon früher hatte sie über die Bedeutung ihrer Mutter für die Fliegerei geäußert: »Außer der finanziellen Unterstützung, die mir meine Mutter gewährte, gab sie mir Sicherheit, indem sie mir nie ihre eigene Angst zeigte.«

Am 13. Juni ergeht von Layman eine Nachricht an sie: »Please send Putnam confidental report what goes on. Are you satisfied there? Can we help here or there? Do you see his messages?« Laymans Worte rütteln sie auf. Sie beschließt, die Initiative zu ergreifen und teilt dem überraschten Gordon drei Tage später mit, dass sie am nächsten Morgen starten wolle, egal, wie die Windverhältnisse seien oder wie ausgeruht Stultz sich präsentiere. Sie verlasse sich auf seine Unterstützung. Fest schaut sie ihm in die Augen, und Gordon ist klar, dass Amelia nicht zu scherzen beliebt. Anschließend geht sie zu Bett. Bis zum nächsten Morgen sind es nur mehr wenige Stunden. Um 7.00 Uhr in der Frühe, es ist Sonntag, der 17. Juni 1928, klopft sie an die Tür des Zimmers, das sich Stultz mit Gordon teilt. Gordon öffnet und gibt den Blick frei auf Stultz, der laut schnarchend im Bett liegt. Amelia nickt bloß und geht nach unten, um ein schnelles Frühstück auf den Tisch zu stellen.

Gordon zieht Stultz unterdessen die Bettdecke weg, zerrt ihn aus dem Bett und bugsiert ihn unter die eiskalte Dusche. Dessen wütendes Abwehren entfaltet keine Wirkung. Die Lady wolle heute noch starten, raunt Gordon ihm mitleidlos ins Ohr. Eine Stunde später erscheint Stultz zum Frühstück in der Küche. Amelia schenkt ihm eine Tasse Kaffee nach der anderen ein, die er vor ihren Augen trinken muss. Dann lässt sie ihre zwei Piloten allein, um G. P. die erlösende Nachricht zu schicken: »Violet. Cheerio! A. E.« Violet ist das Codewort für den Start. Veilchenblau. Sinniger könnte der Code nicht sein. Um 9.00 Uhr bricht Putnams Team auf. Sie verlassen das kleine Haus, nehmen Stultz in die Mitte und stolpern eiligst zum Hafen, wo die »Friendship« seit Tagen dümpelt.

Die Maschine muss erneut betankt werden, da man mit den unzähligen Startmanövern der letzten Tage jede Menge Treibstoff vergeudet hat. Während Gordon und Amelia die Fokker mit Benzin voll pumpen, begibt sich Stultz ins Cockpit. Gegen 10.00 Uhr sind sie startklar. Der vierte Versuch glückt, nachdem sie zwei Reservekanister von Bord befördert haben. Stultz hält den Steuerknüppel fest umschlossen, Gordon sitzt auf dem Platz, der für den Copiloten bestimmt ist, und Amelia befindet sich wie zuvor in der Flugzeugmitte. Sie zwingt sich starke Nerven auf, und die braucht sie auch. Um 11.40 Uhr hebt die Maschine ab. Sie kommen gut in Fahrt. Amelia hofft, dass ihr Pilot das Abenteuer, das jetzt unaufhaltsam auf sie zukommt, durchsteht. Sie haben nur so viel Treibstoff wie unbedingt nötig an Bord. G. P. hat um die vierundzwanzig Stunden für den Flug veranschlagt. Danach müssten sie eigentlich die Küste von England erreichen. Sie fliegen ohne Instrumente. An Bord der dreimotorigen Fokker befinden sich außer ihr ein Funkgerät – und ihre zwei Piloten Stultz und Gordon.

Während sie darüber nachsinnt, was sie tun würde, wenn sie merkte, dass auf die beiden kein Verlass sei, entdeckt sie eine Flasche Whisky, die Stultz mit an Bord genommen hat. Sie sagt kein Wort. Abgesehen davon, würde Stultz auch kein Wort verstehen, so laut dröhnen ihm die Motoren in den Ohren. Aus den Augen lässt sie ihn nicht. Stultz hält sich wacker. Er bleibt in ruhiger Anspannung, auch als sie nach etwa 300 Meilen jenseits von Trepassey in dichten Nebel hineinfliegen. Sie befinden sich im Gebiet der Neufundlandbank, wo warmer Nordatlantik- und kalter Labradorstrom aneinander grenzen und ihre Luftmassen sich so schlecht miteinander vertragen, dass hier um diese Jahreszeit immer zäher, hochreichender Nebel vorherrscht. Warmluftnebel, hervorgerufen von der kalten Unterlage, dem zu entkommen zwecklos ist.

Stultz zieht die Maschine weiter nach oben, in der Hoffnung, so dem undurchdringlich milchigen Gemisch aus Feuchte und Staubpartikeln zu entweichen. Doch weiter oben geraten sie in heftiges Schneetreiben. Die Sicht ist auch nicht besser. Die Luft wird kälter, und wenn sie den Kurs beibehalten, werden sie bald gar nichts mehr sehen, weil sich ein dünner Eisfilm an der Maschine niederschlägt. Stultz manövriert die Fokker wieder nach unten, wo der Nebel sich unverändert hält. Nach weiteren hundert anstrengenden Meilen übergibt Stultz das Commando an seinen Copiloten und schläft ein. Amelia, die unterdessen ihre Eindrücke in ein Notizbuch schreibt, hofft, dass der Schlaf tief sein wird und ihm den letzten Rest Alkohol aus den Adern zieht.

Irgendwann fällt auch sie der Müdigkeit anheim und döst vor sich hin. Gordon ist nun der einsame Streiter an Bord. Sie haben fast die Hälfte ihrer Route zurückgelegt, es ist stockfinstere Nacht. Sie fliegen irgendwo quer über den Ozean, der die Neue von der Alten Welt trennt, und der Copilot ahnt nur halbwegs, wo sie wirklich sind. Das Funkgerät gibt längst keine Frequenzen mehr zur Radiostation her. Gordon versucht stattdessen, Kontakte mit Schiffen aufzunehmen, die er unter sich vermutet. Zurück kommt nichts als Stille. Seine lauten Worte, die er ins defekte Funkgerät hineinbrüllt, holen Amelia in die Wirklichkeit zurück. Sie ist schnell hellwach, und auch Stultz schlägt die Augenlider auf. Jeder der drei Abenteurer an Bord ahnt, dass sie sich auf nichts anderes verlassen können als auf die Navigationskünste ihres Piloten Stultz, der das Steuer wieder übernimmt.

Als der Morgen dämmert, zieht Stultz die Fokker so weit nach unten, dass sie mit bloßem Auge ringsum glitzerndes Wasser erkennen. Weit und breit ist kein Land in Sicht. Die Treibstoffvorräte reichen nur mehr für wenige Stunden. Gegen 6.30 Uhr entdecken sie unter sich die »S.S.America«, der Amelia eine Nachricht zukommen zu lassen versucht. Vergeblich. Einige Zeit später tauchen jede Menge kleine Fischerboote auf. Endlich ist am Horizont Land in Sicht. Stultz zieht die Maschine wieder hoch, um eine bessere Übersicht über die Küste zu erhalten, der sie aufgeregt, aber erschöpft entgegenfliegen. Aufsteigender Rauch lässt sie vermuten, dass ganz in der Nähe eine Stadt oder Fabrik sein muss. Stultz hält auf den Rauch zu und macht sich zur Landung bereit. Im Hafen von Burry Port/Wales bringt er die »Friendship« am 18. Juni 1928 sicher nach unten.

»Lady Lindy« und ihre Piloten sind nach zwanzig Stunden und vierzig Minuten in England angekommen. Um die 150 Meilen entfernt von Southampton, wo sie landen wollten und wo Railey sich seit zwei Wochen bereithält, um die Ankunft von »Lady Lindy« vorzubereiten. Amelia Earhart öffnet die Luke. Sie ist die erste Frau der Welt, die aus einem Flugzeug steigt, das soeben den Atlantik bezwungen hat, auch wenn Wilmer Stultz und Lou Gordon ihre Piloten sind. Eine Sensation. Doch niemand ist da, die Lady zu begrüßen, denn die Massen stehen sich seit Stunden in Southampton die Beine in den Bauch. Stultz verlässt die Maschine, um Railey anzurufen, der dort auf heißen Kohlen sitzend auf den erlösenden Anruf wartet.

Nach drei Stunden trifft er in Burry Port ein, zusammen mit Allen Raymond von der »New York Times«, umringt von einer jubelnden Menschenmenge. Es hat sich herumgesprochen, dass »Lady Lindy« englischen Boden betreten hat. Treffender hätte G. P. Zeitpunkt und Flugziel nicht auswählen können. Denn Amelia Earhart ist nicht nur die erste Frau, sie ist die erste Amerikanerin, die leibhaftig den Atlantik überquerend in England gelandet ist, wo die Frauen laut Gesetz erst seit gut vier Wochen wählen dürfen, wenn sie 21 Jahre zählen. Eine Errungenschaft auf die sie stolz sind, auch wenn die Amerikanerinnen diesen Sieg bereits vor acht Jahren ertrotzt haben. »Lady Lindy« ist eine Sensation. 1928 – ein turbulentes Jahr.

Die Welt ist zu dieser Zeit von einem regelrechten Rekordfieber erfasst. Wahnwitzige Unternehmungen stehen in der Gunst des Publikums besonders hoch. Tollkühn treiben es derzeit die Amerikaner, wo sich an den Küsten Floridas wilde Autorennen auf den glatten Sandflächen der Strände immer größerer Beliebtheit erfreuen. Auch waghalsige Motorboot- und Motorradrennen garantieren das ekstatische Beifallsgeheul einer tollgewordenen Menge. Doch nicht nur die Amerikaner reizen im Mai und Juni 1928 mit immer rasanteren Schlagzeilen: Das internationale Automobillangstreckenrennen in Targa/Florida gewinnt am 6. Mai der Franzose Albert Dino, der Kanadier Jean Lussier gleitet in einem Gummiball die Niagarafälle hinunter, Franz Romer, deutscher Offizier der Handelsmarine, startet in Lissabon mit seinem Faltboot und will damit den Atlantik in Ost-West-Richtung paddelnd überqueren, und der Franzose Adolphe Kegresse bezwingt mit Kettenfahrzeugen die winterlichen Alpen. Am 2. Juni stellen die italienischen Piloten Arturo Ferrarin und Majar del Prete, vom römischen Flugfeld Monte Celio startend, mit 58,5 Stunden einen Dauerflug-Weltrekord auf. Drei Tage später gelingt es erstmals den beiden Australiern Charles Ulm und Kingsford Smith zusammen mit den US-Amerikanern Harry Lyons und James Warner den Pazifik zu überfliegen. Von Honolulu (Hawaii) aus kommend, landen sie am 5. Juni nach 35,5 Stunden mit ihrer dreimotorigen Fokker sicher auf den Fidschiinseln.

Am 18. Juni, just an dem Tag, an dem Amelia Earhart in Burry

Beginn einer konsequent inszenierten PR-Kampagne: Amelia an Bord des wassertauglichen Flugzeugs »Friendship«, in dem sie 1928 als Passagierin mit zwei männlichen Piloten den Flug über den Atlantik wagte. (Foto: Ullstein Bilderdienst, Berlin)

Port die Kabinentür öffnet, kommt der norwegische Polarforscher Roald Amundsen bei einem Rettungsflug für den abgestürzten Italiener Umberto Nobile ums Leben, der mit seinem Zeppelin »Italia« am 24. Mai den Nordpol überflog, um in die noch völlig unbekannten Teile der Arktis vorzustoßen. Nobile wurde gerettet, und Amundsen ist tot. Und am 24. Juni trifft Asienforscher Wilhelm Filchner, den alle Welt längst verschollen wähnte, nach zweieinhalb Jahren abenteuerlichster Forschungsreisen durch China, Tibet und Indien in München ein. Fotografen und Reporter haben rund um den Erdball alle Hände voll zu tun, um für ihre Agenturen die besten Bilder und exklusivsten Berichte aufzutun.

Railey und Raymond bahnen sich den Weg zu Amelia, die von

101

wildfremden Menschen bejubelt, umringt und angestarrt wird. Die nach ihr greifen, um einen Zipfel ihres pelzgefütterten Overalls zu erhaschen. Die ihr Lächeln für ein Geschenk des Himmels halten. Stultz und Gordon werden nur halb so begierig beachtet wie sie. Weil sie eine Frau ist. Ein Wunder. Die weibliche Ausführung von »Lucky Lindy«, mit nach oben geschobener Flugbrille, scheuen graublauen Augen, zauberhaftem Lächeln, schwerelos sich bewegend. Ein Traum. Und sie fühlt sich träumend, traumwandelnd, nicht wissend, wie ihr geschieht. Unschuldig und ahnungslos und einsam in der Menge, wie durch unsichtbares Glas von der Wirklichkeit getrennt. »Ich glaube, ich bin glücklich«, schrieb sie nach dem Start in Boston in ihr Notizbuch.

Railey und Raymond werden von zwei Polizisten begleitet. Schnell versucht die kleine Gruppe, einen schützenden Ring um diese Frau zu ziehen, die an jenem Tag im Juni 1928 ein Objekt der Massen wird. Railey schiebt sie weg vom Dock und hin zur nächstbesten Örtlichkeit, in das Büro einer Metallgesellschaft, um Amelia Earhart vom ekstatischen Taumel der Straße zu befreien. Eine Stunde später muss sie noch einmal durch die Menge hindurch. Die Crew der »Friendship« bahnt sich den Weg ins Hotel, eskortiert von noch mehr Polizisten.

Stultz und Gordon stehen fest mit ihren beiden Beinen auf dem Boden der Ereignisse. Nur Amelia, die soeben die erste Sprosse der Karriereleiter erklommen hat, zieht sich in sich selbst zurück. Sie ist »the girl in brown who walks alone«. Ein gemeinsames Dinner im hoteleigenen Restaurant lehnt sie ab. Sie fühle sich müde und erschöpft, gesteht sie Railey, der sich nach ihrem Befinden erkundigt. Außerdem wolle sie noch ihren ersten Bericht für G. P. abfassen, den dieser der »New York Times« für die morgige Ausgabe in Aussicht gestellt habe. Als Railey später ihr Zimmer betritt, um den Bericht entgegenzunehmen, wirkt sie ungewöhnlich blass und fahrig auf den PR-Mann, der in all den Jahren seines Jobs ein sicheres Gespür für Menschen entwickelt hat. Auf die Frage, ob sie aufgeregt sei, antwortet Amelia, sie durchlebe im Augenblick noch einmal den Flug, den Bill geflogen habe, und auf dem sie nichts weiter als ein Gepäckstück gewesen sei. Schon alleine dadurch, dass sie ihren Bericht schrieb, habe sie sich jede Einzelheit ins Gedächtnis zurückrufen müssen. Sie stehe noch ganz unter dem Eindruck des Erlebten. »Ich fühlte mich wie ein Sack Kartoffeln«, äußert sie zögernd. Und ihr entweicht, was sie angesichts des über sie hereinbrechenden Ruhms bitter empfindet: »Ich bin eine falsche Heldin.« Sie schaut Railey dabei grübelnd in die Augen. »Wir Frauen haben mehr zu bieten als nur unsere Weiblichkeit. Wir sollten selbst fliegen«, gibt sie zu bedenken.

Amelia ist schockiert. Stunden nach dem Flug begreift sie das Spiel, das G. P. mit ihr spielt. Die Frau als Objekt der Begierde, obwohl sie alles im Leben sein will, bloß kein Objekt. Seine Rechnung ist aufgegangen. Er wiederholt mit ihr seinen Lindbergh-Coup. Sie aber hat sich für etwas hergegeben, das ihrer Selbstachtung nicht genügen kann. Sie will für eigenständige Flugleistungen umjubelt werden, nicht jedoch für die Tatsache, dass sie als Frau im Flugzeug saß. Railey sieht, was in ihr vorgeht. Obwohl sie für die »Times« wunschgemäß schreibt, dass für den Flug ausschließlich Stultz die Meriten gebührten. Er nimmt sich vor, mit Stultz zu sprechen. Auf dem Weg von Burry Port nach Southampton, wo die Crew für den nächsten Tag erwartet wird, drückt Stultz ihr tatsächlich den Steuerknüppel in die Hände.

Amelia ergreift die unerwartete Chance. Umsichtig und sicher fliegt sie die dreimotorige Fokker ihrem Ziel entgegen, obwohl sie noch nie solch eine schwere Maschine gesteuert hat. Das Dröhnen der Motoren klingt in ihren Ohren wie Musik. Die Weite des Himmels gibt ihr das Gefühl von Freiheit, das sie zum Atmen braucht. Ab und zu sieht sie in die Gesichter von Stultz und Gordon. Beide sind jünger als sie, dass erleichtert es ihnen, auszuhalten, von einer Frau geflogen zu werden. Sie verziehen nicht einmal ihre Mienen. Wären sie älter und Amelia jünger, sie könnten es nicht aushalten, auf den Statistenplätzen zu sitzen. Stultz empfindet es nämlich unerträglich, Frauen das Steuer zu überlassen. Frauen gehören seiner Meinung nach hinter den Herd und nicht ins Flugzeug, schon gar nicht auf den Stuhl des Piloten. Er hat ihr nicht vergeben, dass sie in Trepassey dominierte. Er überwindet sich nur Railey zuliebe, der ihm gesagt hatte, er solle Amelia Earhart eine Freude machen. Kurz bevor sie im Hafen von Southampton landen, übernimmt er wieder das Kommando. Amelia aber denkt: »Eines Tages werde ich selbst über den Atlantik fliegen.«

Die Pressemeute fällt in Southampton abermals über sie und nicht über ihre Piloten her. Autogrammjäger fiebern einzig nach ihrer Unterschrift. Sie verfolgen sie auf Schritt und Tritt. Stultz und Gordon werden nur halb so viel beachtet. Vom Hafen aus geht es weiter im schwarzen Rolls Royce von Oberbürgermeisterin Mrs. Foster Welch nach London, in die Metropole Englands, wo die großen Empfänge und triumphalen Huldigungen auf Amelia Earhart warten. Auf sie, nicht auf die zwei Männer, die sie nach England brachten.

Der Rolls Royce steuert das Hyde Park Hotel an, in welches ihr die Presse bereits vorausgeeilt ist. Nicht eine Minute ruhige Zurückgezogenheit wird ihr gegönnt. Kaum trifft sie ein, blitzen die Fotoapparate, überschlagen sich die Reporter mit übereifrigen Fragen. Der kurze Flug von Burry Port nach Southampton hat ihr die alte Selbstsicherheit zurückgegeben, die sie angesichts des ersten Schocks zu verlieren schien. Und so pariert sie alle journalistischen Raffinessen bravourös.

Ob sie Angst gehabt habe, will einer wissen. Amelia antwortet, als habe G. P. ihr die Worte suffliert: »Wilmer Stultz ist ein solch ausgezeichneter Pilot, dass ich mich während des Fluges

Dass Amelia als Heldin gefeiert wurde, obwohl sie an Bord der »Friendship« nur »Gepäckstück« war, stachelte ihren Ehrgeiz an. Bei ihrer Ankunft in Southampton 1928 hatte sie zur Verblüffung der Öffentlichkeit zwei Männer im Gepäck: die Piloten Wilmer Stultz (links) und Louis Gordon (neben Stultz). (Foto: Bilderdienst Süddeutscher Verlag, München)

nicht eine Sekunde unwohl zu fühlen brauchte.« Die mutige Frau wählt vorsichtige Worte. Stultz sei der eigentliche Held und sie nur dekoratives Beiwerk. Von Präsident Coolidge trifft ein Glückwunschtelegramm ein, worauf sie vornehm zurückhaltend antwortet: »The crew of the ›Friendship‹ desire to express their deep appreciation of your Excellency's gracious message. Success entirely due to great skill of Mr. Stultz.« Und gegenüber Byrd, der sich telefonisch aus New York meldet, äußert sie, der eigentliche Erfolg gebühre ihm. Nur auf Grund seiner wunderbaren Maschine sei es überhaupt möglich gewesen, diesen Flug zu unternehmen.

Mit solchen Worten wächst sie endgültig über Stultz und Gor-

105

don hinaus. Alle sehen nur noch die Frau, die den Atlantik im Flugzeug überquert hat, und nicht mehr die Männer, die ihre Piloten gewesen sind. Amerikanische, englische und französische Zeitungen preisen ihren Mut und Erfolg, feiern sie als Wegbereiterin für eine zivile Luftfahrt, die Menschen und Kontinente verbindet. Die »New York Times« würdigt sie auf ihrer ersten Seite als die Frau, die den Ozean nach Europa überquert habe und nun ihre Story über den Flug nach Wales, ganz ohne Funkkontakte, erzähle. Auch ihr zweiter Bericht landet auf der ersten Seite. G. P. hat es wieder geschafft, obwohl in diesen Tagen das Rekordfieber rund um den Erdball auch wegen anderer Ereignisse mächtig hochgeht. Aber Mabel Boll und Thea Rasche geraten 1928 nicht mehr in die Schlagzeilen. Amelia Earhart ist nun die einzige Fliegerin, die weltweit die Herzen höher schlagen lässt, auch wenn sich einige wenige kritische Stimmen erheben.

Vor allen Dingen die britische Presse äußert auch ihren Unmut. Einige englische Reporter reklamieren demonstrativ frauenfeindlich, dass die Frauen geeignetere Refugien bräuchten, bei denen sie ihre Begabung unter Beweis stellen könnten, als die Weite des Himmels. Wem, außer einigen Privilegierten und Ruhmsüchtigen, könne ein solches Unternehmen schon nutzen, brandmarken sie die Abenteuerlust der amerikanischen Grenzgänger. Und eine Frau, die ein solches Wagnis mitmache, könne nur eine Verrückte sein, heißt es wenig freundlich, nachdem sie in London eingetroffen ist.

In der nächsten Zeit erobert Amelia aber ungeachtet dieser kritischen Töne die Herzen der englischen Society. Der »Viktorian Style of Life« im Haus von Richter Otis, der ihre Kindheit prägte, und die strengen Unterweisungen in der Ogontz School von Philadelphia sind ihre wichtigsten Helfer. Denn dass die Dame Stil hat, erkennen die klassenbewussten Briten schnell. Amy Guest besteht darauf, dass Amelia ihr Gast ist. Tee mit Bernard Shaw und Tanz mit dem Prinzen von Wales

sind nur einige der vielen Ereignisse, die über Amelia herein-
brechen.

London beschert »Lady Lindy« rauschhafte Ovationen. Die
Lady nutzt sie. Sie bleibt dabei kühl und nüchtern. Sie gerät
keineswegs in den Taumel der egozentrischen Überhöhung,
die nichts außer Seifenoper heraufbeschwört. Amelia betrachtet ihren Flug als wichtigen Schritt, um Frauen näher an
die Rechte der Männer heranzuführen. Ihr Flug bekommt
damit die missionarische Dimension, die G. P. nur recht sein
kann. Und er hält sein Auge auf all ihre Auftritte. So hat sie
bereits einen neuen Vertrag in der Tasche, bevor sie zurück in
Amerika ist. Nämlich mit der Vereinbarung, für Putnam's Sons
ein Buch über ihren Flug zu schreiben. Von dem in Aussicht
gestellten Honorar kauft sie Mary Heath, einer bekannten
englischen Fliegerin, die sie in London kennen lernt, am
26. Juni 1928 ein Flugzeug ab. Eine einmotorige Avro Avian.
Amelia schmiedet schon neue Pläne für die Zukunft, während
Wilmer Stultz sich wieder dem Alkohol hingibt. Der eigentliche Käufer der Avro Avian ist G. P.

Eine wichtige Bezugsperson wird in London für Amelia Nancy
Astor, eine der einflussreichsten Frauen von England. Nancy
Astor ist die erste Britin, die einen Sitz im Parlament errungen
hat. Sie hält ihr Mandat seit 1919 und ist keineswegs interessiert an der Fliegerei, wohl aber an sozialen und frauenrechtlichen Fragen. In Bezug auf Amelia Earhart ist ihr zugetragen
worden, dass sie neben der Fliegerei in Boston soziale Aufgaben wahrnehme. Die Fliegerin, die eine Schwäche für die
Schwachen hegt, ist ihr auf Anhieb sympathisch. Nancy Astor
widmet sich Amelia mit besonderer Sorgfalt. Sie lädt sie unter
anderem zum Lunch mit der Frauenvereinigung der britischen Air-Liga ein, zum Tee im House of Commons. Gegenüber Reportern gesteht sie, diese Frau sei von unschätzbarem
Wert für die Sache der Frauen und sie sei eine wichtige »Botschafterin« für Amerika. Denn Amelia Earhart verfüge nicht

nur über Mut und Charme, sondern sie habe vor allen Dingen eines bewiesen: Charakter. Und das mache sie zu einer besonderen Frau. Die Presse beeilt sich daraufhin, auch über Nancy Astors Worte zu berichten, und G. P. freut sich im fernen New York über Amelias Talent zum Medienstar.

Zwei Tage vor ihrer Heimreise ersteht Amelia von Mary Heath die Avro Avian. Nachdem die Maschine gekauft ist, begibt sich die Crew der »Friendship« gemeinsam nach Southampton, um die Rückreise anzutreten. Wilmer Stultz, Lou Gordon und Amelia Earhart verlassen London gemeinsam, ein Ereignis, das in letzter Zeit selten zu sehen war. In Southampton schiffen sie sich am 27. Juni 1928 auf die »S.S.Roosevelt« ein, die sie innerhalb von neun Tagen nach New York bringen soll. Dort werden sie von G. P. erwartet werden, der in diesen Tagen alle Hände voll zu tun hat, um die Ankunft seiner neuen Heldin, »Lady Lindy«, gebührend ins Rampenlicht zu rücken.

Mit Wilmer Stultz wird es immer schlimmer. Seit sie an Bord der »Roosevelt« sind, ist er fast täglich betrunken. Auch in London war er gegenüber Reportern bereits ausfallend geworden, die ihm nur ein Mikrofon reichen wollten. Amerika sei die größte Nation, und er werde nie und nimmer auf einem britischen Schiff die Heimreise antreten, soll er gesagt haben. Er misstraue den englischen Sicherheitsstandards. Auf der amerikanischen »Roosevelt« fühlt er sich offensichtlich nun auch nicht richtig wohl. Amelia Earhart hat ihn mit ihren Interviews, ihrer medialen Glorie, ihrer Weiblichkeit geschlagen, so sieht der Captain der »Friendship« seine Misere, die er höchstens überwindet, wenn er fliegt. Doch er ist aufs Wasser gezwungen. Neun lange Tage ohne Aussicht auf fliegerische Bravour, die zu erbringen er sich im Stande weiß. Da bleibt ihm nichts anderes als der Griff nach der Whiskyflasche. Die ganze Entwicklung ist ihm Grund genug.

Am Morgen des 6. Juli 1928 erreicht die Crew der »Friendship« endlich New York, wenngleich sich ihr Pilot Wilmer

Blick auf die Skyline von New York. Im Juli 1928 liefen Amelia und ihre Crew auf der »M.S. Roosevelt« im Hafen ein – die Presse stürzte sich auf »Lady Lindy«, während ihre männlichen Begleiter kaum Beachtung fanden. (Foto: ap, Frankfurt am Main)

Stultz mehr alkohol- als erfolgstrunken auf Deck bewegt. Unter den Augen der Freiheitsstatue von New York laufen sie in den Hafen ein. Stolz müsste sich Stultz' Rücken aufrichten, aber er fühlt sich klein. Er ahnt, dass Amelia Earhart ihm auch jetzt die Show stehlen, den Rang ablaufen wird. Es kann gar nicht anders vonstatten gehen, weil G. P. alles in Szene setzt. Und in dieser Szene spielt Stultz keine Rolle, wohl aber die Frau, die in Stultz' Augen bloß ein leichtes Gepäckstück war.

G. P. ist mit seiner Frau Dorothy gekommen, um die Helden der »Friendship« in Empfang zu nehmen. Er will »Lady Lindy« feiern, seine Goldgrube, seinen neuen Star. Mitgebracht hat er New Yorks Oberbürgermeister James J. Walker. Byrd ist natürlich auch dabei. Die New-Yorker Five-Department-Band spielt »Home, Sweet Home«. Stultz und Gordon stehen neben Amelia Earhart an der Reling, als sie von Bord der »Roosevelt« in eine Polizeibarkasse wechseln, die sie zur »Macom« bringen soll, der Jacht des Oberbürgermeisters, auf der das Empfangskomitee wartet. Amelia wird sofort von Fotografen und Reportern umringt, die alle ein Interview begehren. G. P. hat eine Pressekonferenz unter Deck der »Macom« organisiert. Blitzlichtgewitter der Kameras, Mikrofone, Fragen über Fragen. Draußen herrscht eine unglaublich laute Geräuschkulisse, so dass keiner das Wort des anderen versteht. Überall ein johlendes Pfeifen und Tuten. Dazu sich überschlagende Reporter. Einer versucht, den anderen zu übertreffen: »Miss Earhart, wie fühlen sie sich, wieder daheim?« – »Miss Earhart, glauben Sie, dass Frauen genauso gut fliegen können wie Männer?« – »Miss Earhart, würden Sie uns Ihr gefährlichstes Erlebnis während des Fluges erzählen?« – »Miss Earhart, wie fühlten Sie sich, als Sie englischen Boden betraten?« – »Miss Earhart.«

Sie ist der Star. Um Stultz reißt sich keiner. Amelia versucht, weil sie seinen Schmerz kennt, die Aufmerksamkeit auch auf ihn zu lenken, doch Stultz kommt nicht zu Wort. Als er zu sprechen anhebt, ertönen die Sirenen der »Macom« und schlucken seinen Beitrag. Wasserspiele von umliegenden Booten speien in die Luft, lautes Pfeifgeheul durchdringt Mark und Bein und Abertausende Amerikaner wanken zu Pier A, wo die »Macom« nach gut einer Stunde anlegt. Büros und Geschäfte haben geschlossen, die Kinder schulfrei. Hausfrauen, Arbeiter, Angestellte und Schulkinder sind auf den Beinen, um die mutigste Frau Amerikas 1928, dem Jahr nach Lindbergh, gebührend zu empfangen.

Die drei steigen in ein offenes Fahrzeug, und der Wagen bewegt sich langsam in Richtung City Hall. Sie werden begleitet von einer überschäumenden, begeisterten Menschenmenge, den Broadway hinauf bis zum Rathaus. Die Gehsteige sind überfüllt, die Masse drängt unaufhaltsam vorwärts. Aus jedem Fenster schwenken wild gestikulierende menschliche Arme das Banner der Vereinigten Staaten. Konfetti fällt wie Schnee im Winter. Einem Blizzard gleich wirbeln die kleinen

Papierfetzen die Gebäudeschluchten an der Wall Street entlang, so dass die Heldin im Konfetti zu entschwinden scheint. Tausende Soldaten führen die Parade an, die sich mühsam den Weg zur Tribüne des Bürgermeisters vor dem Rathaus bahnt, wo die Ehrengäste und städtischen Beamten sitzen.

Bürgermeister Walker findet ergreifende, stolze Worte für »die erste Frau«, die mutig den Atlantik überquert hat.

Wieder und wieder betont Amelia, dass einzig Stultz der wahre Held des Tages sei, da er die Maschine gesteuert habe. Doch die Menge will ihren Sieg. Und so kann sie sagen, was sie will, ihre bescheidenen Worte verhallen ungehört. Sie ist die Heldin, der ein jeder den Lorbeerkranz ums Haupt flechten will. Amerika giert nach einer neuen Kultfigur. Denn die wilden Zwanziger neigen sich dem Ende zu, Wall Street zittert ahnungsvoll dem Untergang entgegen und Nachkriegsamerika sucht nach neuen Kraftfeldern. Idole werden gebraucht. Im Palace Theater geht spätnachts der Tag zu Ende, dessen neuer Star sich müde zu Bett begibt, um am nächsten Tag wieder einzutauchen in den Strudel der jubelnden Stadt, die außergewöhnliche Menschen liebt.

Der Taumel der Straße hält noch mehrere Tage an. So lange, wie G. P. die Stimmung anheizt. Da das Volk seiner Heldin zu huldigen wünscht, ist es unvermeidlich, dass Amelia Earhart durch die Lande reist. Von New York aus geht es, einzig unterbrochen von ein paar Tagen in Boston, wo Amelia ihrer Mutter Amy, ihrer Schwester Muriel, Marion Perkins und Sam Chapman in die Arme fällt, nach Altoona, Williamsburg, Chicago, Toledo, Pittsburgh und zurück nach New York. G. P. ist immer dabei. Auch Stultz und Gordon gehören zum Gepäck, was Stultz ohne Unterlass demütigt. In Chicago betrinkt er sich so, dass er für die Fahrt im offenen Auto mitten durch die Stadt nicht pünktlich zur Stelle ist, als die Siegesparade das Zeichen zum Start freigibt. Gordon bricht auf, um ihn zu suchen. Amelia bleibt allein zurück.

111

Eine einsame Heldin wirke nur halb so gut, befindet G. P. und setzt sich kurz entschlossen neben sie ins offene Kabrio. Auf die andere Seite platziert er einen Freund aus High-School-Zeiten und schon setzt sich der Wagen unter dem jubelnden Beifallsgeheule der Konfetti werfenden Menge in Bewegung, bevor Gordon mit Stultz im Arm zurückerscheint. »Wir«. Da ist es wieder, dieses Ansinnen des Verlegers, der weiß, wie Massen zu instrumentalisieren sind. »Wir«. Das sind »Lucky Lindy« und er. Aber auch die Lady befolgt die Gesetze, die nur der Verleger kennt.

7. Kapitel

George Palmer Putnams eigenwilliges Geschöpf und die überraschende Hochzeit

G. P. ist mit der attraktiven Dorothy Binney verheiratet. Dorothy, die Tochter des millionenschweren Herstellers von Buntstiften aus Pittsburgh, Edward Binney, liebt das Leben. Sie ist die perfekte Gastgeberin für alle bekannten Opernstars, Maler, Literaten, Forscher und Grenzgänger, die G. P. um sich schart. Sie alle kennen sein Heim in Rye, dreißig Kilometer nordöstlich von New York, wo G. P. sich 1925 mit Dorothy und seinen zwei Söhnen in einem Haus mit 16 Zimmern und sechs Bädern niederließ. Antiquitäten und Kunstwerke geben dem weitläufigen Herrenhaus im spanischen Barockstil außerhalb der quirligen City von New York die weltmännische Anmutung. Ein Haus als Refugium. Ein Ort, an dem Bestseller geschrieben werden. Dorothy passt zu ihm. Beide verkörpern die aristokratische Vornehmheit, die im königslosen Amerika den Ton angibt.

New Yorks gesellschaftliches Leben wird von den White-Anglo-Saxon-Protestants, den so genannten WASPs beherrscht, die den Ostküstengeldadel ausmachen. Diese angelsächsischen Nachfahren der ersten Einwanderer stiegen Anfang des 19. Jahrhunderts als mächtige Industrie- und Finanzmagnaten zur bestimmenden Klasse auf, der die Carnegies, Guggenheims, Rockefellers, Vanderbilts und Whitneys angehören. Sie und ihre Kindeskinder sitzen in den Aufsichtsräten nahezu jeder kulturellen Institution vom Metropolitan Museum, zu dessen Gründern G. P.s Großvater zählte, über die Oper bis hin zur New Yorker Public Library. Sie haben die berühmtesten Universitäten des Landes, Harvard und Yale, durchlaufen, bevölkern die gesamte Upper East Side von Manhattan, spielen Polo und verfassen in Washington Gesetze, die eine reibungslose Weitergabe von Macht und Reichtum versprechen. Und sie beflügeln die Sehnsucht der Nation nach unangefochtenem gesellschaftlichem Aufstieg. Denn die rasant wachsende Werbewirtschaft der tosenden Zwanziger benutzt deren elitären Marketingwert und konfrontiert täglich fast jeden Amerikaner mit den idealisierten Bildern der WASPs. Zu Hause, beim Polospielen oder auf dem Weg zu den Schaltzentralen von »Big Business« und Demokratie.

Die Chiffren sind so mächtig, dass sie das Bewusstsein der Konsumenten, eben diesen nacheifern zu wollen, unumstößlich beherrschen. Wer dazugehören will, und das will in diesen Tagen vor der großen Weltwirtschaftskrise jeder, erliegt der symbolträchtigen Macht des Bildes.

G. P. und Dorothy verkörpern dieses Bild zutiefst. Er ist Generalsekretär bei Putnam's Sons and Putnam's Magazine, Vizepräsident des Explorer-Clubs, Mitglied im Harvard-, Wilderness-, Century-, Campfire-, Coffeehouse-, Sierra- und Apawamis-Club. Es gehört sich so für einen wie ihn. Und natürlich hat er Columbia University und Harvard absolviert.

Dorothy lernte George Palmer kurz nachdem sie das College

durchlaufen hatte während eines Ausfluges des Sierra-Clubs, an dem G. P. teilnahm, in Neuengland kennen. George war damals so einer von der Sorte junger Edelmänner, dem eine wie Dorothy nicht widerstehen konnte. Und Dorothy war genau die Richtige: attraktiv, intelligent, feminin.

Die beiden heirateten 1911 in Bend/Oregon, wo G. P. seit zwei Jahren als Verleger und Herausgeber des Bend Bulletin für Schlagzeilen sorgte. Mit gerade 21 Jahren wählten die Leute ihn zum Bürgermeister, den jüngsten, den Bend jemals hatte. Als vollendeter Schreiber beherrschte George sein Handwerkszeug so gut, dass er für die aufstrebende Gemeinde zum engagiertesten Vertreter ihrer kommunalen Interessen wurde. Obwohl jung an Jahren, wusste G. P. damals schon, wie man Dinge macht. Ein Jahr nach der Hochzeit bezogen sie ein Haus in Bend. Dorothy hatte eine Gabe, Partys zu arrangieren, und das Haus der Putnams entwickelte sich zu einem wichtigen gesellschaftlichen Treffpunkt.

Als Amerika 1917 in den Ersten Weltkrieg eintrat, wurde G. P. mit dem Status eines Lieutnants in die Army eingezogen. Das war der Anfang vom Ende seiner Karriere in Oregon. Denn nach dem Krieg entschied er sich, in die großväterliche Firma Putnam's Sons und Putnam's Magazine in New York einzutreten. Er verkaufte seine Anteile an Bends Bulletin sowie sein Haus dort und siedelte mit Dorothy in seine Heimatstadt New York über. In diese Stadt, in der es unaufhaltsam brodelt, die ein Verb unter lauter städtischen Substantiven ist, weil sie nie still stehen kann und die neuen Grenzen des 20. Jahrhunderts mit Wolkenkratzern in den amerikanischen Himmel treibt.

G. P. kennt die Geheimnisse der WASPs so gut, dass darin seine Stärke liegt. Denn all das, wofür normal Sterbliche lange üben müssen – die Kunst der Selbstdarstellung, die Sicherheit des ästhetischen Urteils, die lässige Eleganz, die unangestrengte Würde –, liegen ihm im Blut. Er lädt Amelia Earhart im Sommer 1928 in sein Haus nach Rye ein, um mit ihr das Buch

»Twenty Hours, Forty Minutes« zu schreiben. Am 24. Juli setzt sie erstmals ihren Fuß über die Schwelle seiner luxuriösen Villa. Dorothy ist begeistert von ihr. Eine wie Amelia, zurückhaltend, ernst und ausgestattet mit einem feinen Humor, hatte sie schon lange nicht mehr unter ihren Gästen, die ansonsten gerne zur Attitüde neigen. Dorothy fühlt sich in letzter Zeit zunehmend von Partys und belanglosen Unterhaltungen gelangweilt. Und auch G. P. ist sich längst nicht mehr ihrer uneingeschränkten Zuneigung sicher. Denn sie haben sich auseinander gelebt, auch wenn sie immer noch zusammen sind. George und sie sind schon lange nicht mehr das Traumpaar von damals in Bend, wo ihre gemeinsame Lebensgeschichte anfing.

Amelia plant, ihr Manuskript bis Ende August fertig zu stellen. Nach drei Wochen legt sie es G. P. vor. Die ersten gedruckten Exemplare sollen Anfang September auf den Markt geworfen werden. Auch Lindberghs Buch war in drei Wochen fertig und konnte sich gleich als Nummer eins platzieren. Selbst wenn später einige Kritiker hinter vorgehaltener Hand monieren werden, »Twenty Hours, Forty Minutes« sei nichtssagend, gebe bloß ihre Notizen während des Flugs wieder und enthalte ansonsten langweilige Details über die Fliegerei, werden solche Töne natürlich erst gar nicht bis in die Öffentlichkeit vordringen, da G. P. ein Werbefachmann und geschickter Stratege ist wie kein Zweiter. Und, streng genommen, sind sie, wenn sie fallen, bloß eine Ausgeburt von Neid, weil G. P. es wieder einmal geschafft hat.

Geschickt arrangiert er für seine neue Heldin Zusammenkünfte mit allen möglichen Berühmtheiten. Das geht besonders gut in Rye, wo sich die Vertreter der ehrenwerten Gesellschaft die Türklinke in die Hand geben, oder in New York, wo Amerikas monetärer Adel von einer Gala zur nächsten tourt. Selbstverständlich ist immer ein Journalist dabei. Selbst private Abendessen werden heimlich aufgezeichnet und die Protokolle an die »New York Times« weitergegeben, damit diese detailliert darüber berichten kann. Miss Earhart hier, Miss Earhart dort.

Immer dabei ist auch G. P. Für »Twenty Hours, Forty Minutes« tut er alles und erhält beste Vorbestellungen. Und das ist gut so, denn Miss Earhart braucht Geld. Sie ist einunddreißig Jahre alt, aber ihre Einkünfte sind noch immer miserabel. Die Avro Avian ist durch einen Kredit auf ihr Honorar aus dem Buchvertrag finanziert. Dazu kommen Essen, Kleidung, Unterkunft. Sie will auch nicht ewig bei G. P. in Rye bleiben. Nachdem sie ihren Auftrag erfüllt hat, müsste sie eigentlich nach Boston zurückkehren. Marion Perkins wartet bereits auf sie. Kinners Flugzeug will ebenfalls weiterverkauft werden. Und zwar von keinem anderen als von ihr. Und sie will endlich die Avro Avian fliegen. Selbst, allein, wohin sie will. Doch Amelia Earhart hat die Höhle des Löwen betreten.

Das Buch zu schreiben ist nur die eine Seite der Medaille. Noch wichtiger aber sind die Vortragstourneen durch ganz Amerika, um es auch zu verkaufen. Die »Lectures«, wie G. P. sie nennt. Lindbergh kann ein Lied davon singen. Er hat die Nation bereits beackert, kennt jede Stadt im Land der unbegrenzten Möglichkeiten aus der Vogelperspektive, startete immer wieder sein Flugzeug, hielt Vorträge, sprach über »Wir«, schüttelte Hände über Hände und flog weiter. Entkommen konnte er G. P. nie. Die Macht der Sensation war mächtiger als jede Sehnsucht nach Einsamkeit, und das seit mehr als einem Jahr.

Als nächstes muss Amelia Earhart nun auf die Rennstrecke. G. P. will es so und plant bereits die Route, als Amelia ihn mit der Absicht konfrontiert, die Avro Avian allein von der Ostküste nach Kalifornien zu fliegen. Abgeschreckt von Lindberghs unaufhaltsamer Werbetour, ringt sie ihm das Versprechen ab, die Presse dabei erst mal aus dem Spiel zu lassen. G. P. lässt sie tatsächlich fliegen, die Presse allerdings informiert er

117

zwei Tage vor dem Start, am 27. August 1928, schließlich doch. In wenigen Tagen soll »Twenty Hours, Forty Minutes« in den Buchläden liegen. Da kommt der Verleger nicht umhin, für die notwendige Publicity zu sorgen. Und A. E. bleibt nichts anderes übrig, als die Faust in der Tasche zu ballen, denn sie will ihre Zukunft nun doch ganz dem Fliegen verschreiben, und dafür braucht sie ihn.

Der Preis für ihr neues Flugprojekt ist hoch. Crash in Pittsburgh, gleich am ersten Tag. G. P. organisiert Ersatzteile aus New York. Die Kosten zahlt der Verleger. Vier Tage sitzt sie fest, bis die Maschine wieder startklar ist. Dann geht es weiter durch Kansas, New Mexico, Texas, Arizona und schließlich Ankunft in Glendale/Kalifornien. Standing Ovations in L. A., wo seit Tagen eine Airshow die Massen begeistert und der Taumel nicht endet. Die Maschine wird in L. A. überholt.

Währenddessen fliegt Amelia als Passagierin von Los Angeles nach San Francisco. Die Luftfahrtindustrie reagiert mit Begeisterung auf die Pilotin, die mit ihrer Anwesenheit im Flugzeug wieder einmal beweist, dass Frauen und Technik gut zueinander passen. »Miss Earhart, sehen Sie in der zivilen Luftfahrt eine große Chance für Frauen, künftig sicherer zu reisen?« – »Miss Earhart, welche Bedeutung kommt in Ihren Augen dem Passagierfliegen zu?« – »Miss Earhart, würden Sie uns noch einmal von Ihrem ersten Flug über den Atlantik erzählen?« – »Miss Earhart, haben Sie Angst?« Nie enden wollende Fragen von Reportern, die bereits anwesend sind, wenn sie eintrifft.

Händeschütteln, Bad in der Menge, Termin über Termin: Gouverneur, High School, Bürgermeister, Frauenvereinigung... Alle wollen der bekanntesten amerikanischen Fliegerin persönlich huldigen. An Ruth Nichols oder Mabel Boll ist sie längst vorbeigezogen. So viel Publicity hat sie sich für ihren Flug mit der Avro Avian an die Westküste der Vereinigten Staaten nicht gewünscht. Doch nun steckt sie mittendrin und macht gute Mine zum werbewirksamen Spiel. Amelia weiß:

Sie wird die Ernährerin ihrer Familie werden. Edwin, Amy und Muriel sind auf ihre Unterstützung angewiesen. Muriel hat Albert Morrisey geheiratet und führt ein unauffälliges bürgerliches Leben, doch als sie ein Haus kaufen will, kommt sie nicht ohne die finanzielle Hilfe ihrer Schwester zurecht. Amy ist inzwischen völlig mittellos und Edwin hat sich im Hinterland von L. A. ein Häuschen gekauft.

Er lebt dort mit seiner zweiten Frau Helen, die in einem Juweliergeschäft arbeitet, aber über keine große Einkünfte verfügt. Und dann erkrankt er an Krebs. »Ich bin reich an Freunden, aber arm an Geld«, wird Edwin seiner erfolgreichen Tochter bei ihrem nächsten Besuch sagen. Alle anfallenden Kosten und offenen Rechnungen wird Amelia daraufhin bezahlen. Auch die Hypothek, die auf seinem Häuschen lastet, wird von ihr beglichen werden. Darüber hinaus erwirkt Amelia sogar, dass das Haus im Falle von Edwins Tod an seine zweite Frau Helen übergeht.

Der Rückflug von Kalifornien an die Ostküste geht nicht ohne Probleme vonstatten. Amelia muss die Maschine notlanden. Todesmutig bringt sie die Avro Avian, die einen Motorschaden aufweist, nach unten. Wieder benötigt sie Ersatzteile. Diesmal wartet sie zehn Tage. Am 13. Oktober 1928 ist sie zurück in New York. G. P. erwartet sie bereits. »Twenty Hours, Forty Minutes« sei auf dem Markt und bestsellerverdächtig. Die ersten Rezensionen lägen vor. Er stecke mitten in den Planungen zu noch mehr Werbeveranstaltungen. Die ersten Buchverkäufe seien gut, doch sie müsse noch zulegen, erfährt Amelia, als sie den Verlag betritt.

Die NBC plane eine Rundfunkübertragung im Madison Square Garden anlässlich einer Autoshow. Er habe dem zuständigen Redakteur ihre Teilnahme zugesagt. Ihre Augen funkeln, ihr Mienenspiel verrät kühle Ignoranz, und ihrem Mund entweichen ärgerliche Worte. Entrüstet wirft sie G. P. vor, er habe sein Versprechen gebrochen, und im Übrigen denke sie nicht daran, ihre Haut ständig zu Markte zu tragen. Der Verleger blickt sie schweigend an, und Amelia Earhart macht, was sein Erfolgswille ihr auferlegt. Sie geht zum Madison Square Garden. Spricht bedeutungsvoll mit den Reportern vom NBC und kommt mit einem blauen Chrysler Roadster zurück. Ein Geschenk für Miss Earhart. Für ihre Teilnahme an der Autoshow.

Amelia Earhart macht in den nächsten Jahren noch viel mehr, als sie sich jemals zuvor hätte vorstellen können. Sie gibt ihren Namen her für eine sportliche Modelinie, für Reisegepäck, für ein pelzgefüttertes ledernes »Amelia Earhart Flying Suit«. Sie wirbt für Zigaretten, Sonnenbrillen, Benzin, Filme und Einbauküchen. Sie wird Anzüge für Pilotinnen entwerfen, zwei volle Werbeseiten in die »Vogue« platzieren und eine eigene Modelinie designen: Mode für die aktive Frau. »Amelia Earhart Mode« wird in über dreißig Städten das Schaufenster zieren. Selbstverständlich ein nobles Fenster, ein einziges von tausenden in der jeweiligen Stadt. So bei »Macy's« in New York und »Marshall Field's« in Chicago.

Das aktuelle Flyingsuit hängt übrigens seit kurzem in einem der sündhaft teuren Einkaufstempel in der Fifth Avenue. G. P. lässt durch sein Pressebüro dem Ladeninhaber großzügig mitteilen, Miss Earhart sei bereit, mit dem Anzug zu Werbezwecken die Fifth Avenue entlangzuflanieren. »Lady Lindy« flaniert, weil G. P. der Meinung ist, das sei besser, als in der Stube zu hocken. Außerdem stehe ihr der Anzug wirklich gut. Niemand könne dieses Stück besser repräsentieren als sie selbst. Das könne man nicht anderen überlassen. Man müsse die Chancen, die sich einem im Leben böten, ergreifen. Wenn man sie verpasse, riskiere man zu scheitern. Sie dürfe jetzt auf gar keinen Fall ihren Einsatz verpatzen. Niemand bewege sich wie sie.

Apropos bewegen: G. P. ordnet Amelias Wirkung neu. Er findet, sie solle bei Werbeaufnahmen darauf achten, dem Fotografen nicht den Rücken zuzudrehen. Es sei äußerst wichtig, immer lächelnd in die Kameras zu blicken. Am besten mit geschlossenen Lippen, denn dann sei die kleine Zahnlücke zwischen ihren Schneidezähnen nicht sichtbar.

Ihr Stimme eigne sich hervorragend für bedeutungsvolle Reden und Vorträge, doch sie solle unbedingt darauf achten, am Ende des Satzes die Stimme zu senken und kurze Pausen einzulegen. Mit ihrer dunklen, ruhigen Stimme müsse sie noch viel mehr Interviews geben. Hunderte, tausende. Beim Sprechen in die Mikrofone solle sie dringend beachten, dass die Stimme durch die Schallwellen einen anderen Klang erhalte. Sie müsse dann sehr langsam sprechen und kleine Pausen zwischen den Worten einlegen. Und sie solle nicht zu dicht an das Mikrofon herantreten.

Er bewundere ihren sicheren Geschmack bei der Wahl ihrer Kleidung, doch ihre Hüte seien völlig unpassend, fährt er fort, erzieherisch auf seine Heldin einzuwirken. Sie solle ganz auf das Tragen eines Hutes verzichten und stattdessen ihre blond gelockten Haare als Markenzeichen für ihre Person einsetzen. Die Leute stünden auf Marken. Und nichts sei ausdrucksvoller als die ganz persönliche, die eigene Marke. Solche Haare erübrigten einen Hut. Das sei völlig altmodisch. Sie sei die Personifikation des Neuen. Da müsse man alte Zöpfe rigoros abschneiden.

Amelia Earhart lernt schnell, auch wenn sie den ganzen Werberummel hasst. Sie weiß, dass Träume ohne Geld bloß Schäume sind. Die vergangenen Jahre haben nichts als dieses vorgeführt. Ohne Job kein Geld, ohne Geld kein Fliegen, ohne Fliegen kein Honorar und ohne Honorar kein Fliegen. Ein Kreislauf, den sie im dritten Lebensjahrzehnt zu durchbrechen beabsichtigt. Künftig will sie Rekorde fliegen, und dafür muss sie Geld verdienen. Also sind Putnams Offerten, die lukrative Werbeverträge einspielen, zu akzeptieren, auch wenn sie in den Augen der anderen, besonders in denen von

Dorothy und vielleicht auch in seinen, immer mehr zum Geschöpf ihres Managers wird.

Putnams Eifer, seine Heldin zu managen, entwickelt sich jedenfalls als vielversprechender Selbstläufer. Ganz so, wie er es ihr bei der ersten Zusammenkunft in New York vorausgesagt hat. Die Presse reißt sich bald nicht nur um sie, weil mit Berichten über die Earhart die Auflagen in die Höhe schnellen, sondern die Medienwelt entdeckt Amelia Earhart auch als attraktive Berichterstatterin, mit deren Namen sich die Zeitschriften gerne schmücken. William Randolph Hearst, Herausgeber des »Cosmopolitan«, heuert sie als Redakteurin für sein Magazin an. In der Novemberausgabe erscheint 1928 ihr erster Artikel. Doch damit nicht genug.

Sie unterschreibt sogar bei »Cosmopolitan«, innerhalb der nächsten zwölf Monate durch die Lande zu fliegen und aus jeder Stadt, die sie ansteuert, über ihren Flug zu berichten. Mit Beiträgen aus ihrer Feder, wie: »Versuchen Sie, selbst zu fliegen« – »Sollten Sie Ihre Tochter fliegen lassen?« – »Ist es sicher, zu fliegen?« oder »Frauen und Mut« erreicht Amelia auf Anhieb einen großen Leserkreis. Sie rechnet dabei gnadenlos mit männlichen Vorurteilen ab. Solche Aufträge, für die Putnam im Hintergrund die Fäden zieht, interessieren ihn als Manager am meisten. Sie gewährleisten, dass seine Heldin ständig im Gespräch bleibt, die Buchauflage weiter anschwillt.

Amelia erfüllt nicht nur ihren Vertrag bei »Cosmopolitan«, sie schießt in den nächsten Monaten weit darüber hinaus. Sie fliegt mit ihrer Avro Avian kreuz und quer durch die Staaten. In mindestens dreißig Städten setzt sie zur Landung an. Steigt mit blonden Locken und im Fliegeranzug aus ihrer Maschine, bewegt sich lässig, so wie G. P. es ihr geraten hat, schüttelt zahllose Hände überwältigter Bürger – und redet, redet, redet. Die Zeitungen berichten alle darüber und hinterlassen ihre Spur im ganzen Land. Sie hält gut einhundert Vorträge und gibt mindestens zweihundert Interviews. Unvorbereitet und aus dem Stegreif heraus.

Die Botschaft, die die Zeitungen verbreiten, lautet: »Lindy«. Sie blickt lächelnd und mit geschlossenen Lippen in die Kameras, spricht akzentuiert in die Mikrofone und gibt sich unschlagbar, obwohl sie keineswegs Amerikas begabteste Pilotin ist. Doch eines ist sie bestimmt: extrem belastbar. Auch mehrere Unfälle, die in den nächsten Jahren augenfällig auf einen Pilotenfehler und nicht auf maschinelle Defekte oder Konstruktionsprobleme zurückzuführen sind, übersteht sie ohne Kratzer. Weder am Körper noch an ihrer fliegerischen Seele, denn die besteht aus unerschütterlichem Selbstvertrauen. Hart wie Stahl. Und sie hat etwas, was andere nicht haben. Den besten Manager der Grenzgänger, den Amerika in diesen Tagen aufbietet: George Palmer Putnam. Unter seiner Ägide wird Amelia Earhart im Winter 1928/29 ein Star. Großartiger als die neuen Kinohelden, denn ihre Abenteuer sind real.

G. P. begleitet sie, sooft es geht, auf ihrer Tournee durch die Staaten, was Amelia – trotz ihres männerfeindlichen Denkens – überhaupt nicht stört. Sie schätzt seine Verlässlichkeit, seine schnellen Entschlüsse, und auch seine Art, auftretende Probleme mit Geld und Einfluss aus der Welt zu schaffen, ringen ihr so etwas wie Respekt und Achtung ab. Sie hat ihm zwar immer noch nicht verziehen, dass er sie als weibliches Gepäckstück über den Atlantik schickte, aber da G. P. ein Mann ist, der viel Interessantes zu erzählen weiß und der die Dinge, die er anpackt, einem Ziel zuführt, imponiert er ihr letzten Endes doch. Putnam ist anders als all die anderen Durchschnittsmänner, die der Angebeteten gleich beim ersten Rendezvous ihre Briefmarkensammlung zeigen wollen. Er teilt sogar Amelias Begeisterung, zu fliegen.

Die kühle, unaufdringliche Erotik, die von Amelia Earhart ausgeht, wenn beide gemeinsam ins Flugzeug steigen, zieht einen wie G. P. magisch an. Sie ist aber eine Frau, die auf seine männlich vorgetragenen Komplimente für ihn ungewohnt und irritierend reagiert: Sie lächelt und schweigt. Das reizt ihn noch mehr, statt ihn fern zu halten. Amelia sieht herausfordernd durch ihn hindurch, wenn sie sich an ihre Maschine lehnt und er vielsagend zu ihr spricht. Gesten seiner Annäherung, die in letzter Zeit häufiger werden, lässt sie kommentarlos ins Leere laufen. Sie wendet sich sogar ab, sobald sie seine Nähe spürt.

Als der erste Erfolg über sie hereinbricht, ist Amelia Earhart einunddreißig Jahre alt. Sie hat seit langem ein Ziel, und das verliert sie nicht aus den Augen. Sie will Geld verdienen, Rekorde brechen und neue erdenken. Wer das Geld hat, diktiert die Spielregeln, so viel hat Amelia gelernt. Fliegen ist teuer. Vom Flugsport aber leben zu wollen – und das ist Amelias Traum – ist nahezu selbstmörderisch. Also sagt sie als nächstes M. Keyes zu, für ihn zu arbeiten, statt sich G. P. in die Arme zu werfen. M. Keyes hat in Verbindung mit der Pennsylvania und Santa Fee Eisenbahn vor kurzem einen transkontinentalen Luftpostservice, den Transkontinental Air Transport, eingerichtet, der nachts Post und tagsüber Passagiere befördert, die während der Nacht in einen Zug umsteigen, weil die Nachtflüge auf Grund der unzureichenden Beleuchtung als gefährlich gelten.

Zusammen mit Charles Lindbergh heuert Keyes Amelia unverzüglich an. Während Lindbergh als technischer Berater fungiert und der Linie seinen Namen überlässt, worauf Transkontinental auch »Lindbergh Line« heißt, wirkt Amelia mit eigenem Büro in New York als Assistentin von H. B. Clement, dem Generaldirektor der Linie. Ihre Aufgabe besteht nach Keyes Willen darin, Amerikas Frauen das Fliegen mit Transkontinental schmackhaft zu machen. Sie solle den Frauen die Angst nehmen und deren Ehemänner, die meist entmutigend einwirken würden, in die Schranken weisen. Das könne niemand besser als sie, meint Keyes, und auch Clement sieht in

ihr das geeignete Aushängeschild, um die Linie erfolgverspre-
chend zu bewerben.

Ein typischer Frauenjob, den anzunehmen Amelia sich 1929
nicht zu schade ist. »Kompromisse müssen sein«, weiß sie, als
sie den Vertrag unterschreibt. Sie begnügt sich allerdings nicht
lange mit den ihr auferlegten PR-Aufgaben, sondern legt
Keyes und Clement schon bald ihre Transportlizenz auf den
Tisch, die sie am 3. März 1929 erwirbt. Männer wie Keyes und
Clement müssen ihr zuwider gewesen sein. Keyes und Clement begreifen, was G. P. schon lange weiß. Die Dame ist nicht
nur das Geschöpf ihres Verlegers, sondern sie hat einen eigenen Willen, und den setzt sie durch. Sie geht mit ihrem gut
aussehenden Kopf aber nicht durch die Wand, sondern
kommt elegant zur Tür herein. Das macht sie obendrein auch
noch teuflisch interessant, so dass die Männer ihr reihenweise
zu Füßen liegen. So auch G. P., der nicht einsehen will, dass die
Dame ihn nicht anhimmelt, wie er es sonst gewohnt ist.

Amelia bleibt sich treu. Sie gründet lieber mit Paul Collins und
Eugene Vidal, den zwei leitenden Köpfen bei der Transkontinental hinter Keyes – die beiden verlassen die Airline, als
Keyes mit einem gewissen Jack Maddux fusioniert, und es für
sie keinen Platz mehr gibt –, eine neue Fluggesellschaft, die
»Ludington Line«. Im Einstundenrhythmus sollen Reisende
die Möglichkeit haben, zwischen New York und Washington
zu pendeln. Die neue Airline startet ihren Service schon bald
zehnmal am Tag. Amelia ist bei der »Ludington Line« ebenfalls
für die Promotion zuständig. Gleichzeitig firmiert sie diesmal
aber auch als Vizepräsidentin. Und sie fliegt natürlich selbst.
Ihren Job bei der Transkontinental behält sie bei. Die Nachtflüge dort gehören jetzt auch zu ihrer Aufgabe.

Amelia Earhart setzt 1929 Akzente, die vermitteln, dass sie
mehr will, als nur für Werbezwecke vor der Presse zu posieren
oder die Taschen von G. P., Hearst, Keyes oder ihre eigenen zu
füllen.

Sie peilt einen neuen Rekord an. Und dafür benötigt sie eine schwerere Maschine. Amelia kauft sich ein neues Flugzeug, eine Lockheed Vega, die stärker motorisiert ist als ihre Avro Avian. Zu ihrem Geburtstag, am 27. Juli 1929, wird sie ihr übergeben. Im August meldet sie sich dann zum ersten inneramerikanischen Frauenwettfliegen an. Für die ausgeschriebene 4 500 Kilometer lange Strecke, die von Santa Monica in Kalifornien bis nach Cleveland in Ohio führen soll, dürfen sich Pilotinnen melden, die über eine gültige Fluglizenz verfügen und mindestens 100 eigenhändig und allein absolvierte Flugstunden vorweisen können.

Sie sollen jedoch, so die Vorstellung des ausschließlich von Männern geleiteten Wettkampfkomitees, in männlicher Begleitung fliegen, da die Route über die Rocky Mountains für Frauen zu gefährlich sei. Amelia bringt das ganze Reglement der Veranstaltung zu Fall und setzt gegenüber dem Komitee durch, dass die gemeldeten Teilnehmerinnen sowohl allein als auch über den gefährlichen Gebirgszug fliegen dürfen. Alles andere sei lächerlich, lässt sie in einem Schreiben an Komitee und Presse verlauten und gibt klar und deutlich zu verstehen, dass sie ihre Teilnahme wieder absagen werde, sollte das Wettkampfkomitee anders entscheiden. Das Komitee folgt Miss Earharts Wünschen.

Die Presse berichtet über das Wettfliegen der Frauen, das am 18. August 1929 schließlich doch in Santa Monica gestartet wird und acht Tage dauert, wenig schmeichelhaft. Die Damen müssen sich Wortschöpfungen wie »Powder Puff Derby«, »Flying Flappers« oder »Sweathearts of the Air« gefallen lassen. Amelias höfliche Kommentierungen hinterlassen schließlich doch großen Eindruck, obwohl ein tödlicher Unfall und einige Verletzte zu beklagen sind. Das Wettfliegen bringt Amelia zwar nicht den gewünschten neuen Rekord ein, dafür erfüllt sich aber ihr Wunsch, eine Pilotinnenvereinigung zu gründen.

Unter den zwanzig Wettkampfteilnehmerinnen ist nämlich auch Ruth Nichols, und wie der Zufall es will, kommt Amelia ihr am letzten Wettkampftag zu Hilfe, als ein Flügel von Ruth Nichols' Maschine beim Starten einen Traktor streift, der zu nah an der Startbahn steht. Ihre Maschine überschlägt sich, das Flugzeug schlittert einige Meter weiter und bleibt schließlich völlig zertrümmert liegen. Ruth Nichols scheint verletzt zu sein, glaubt Amelia zu erkennen, die bereits hinter dem Steuer ihrer Vega sitzt, bereit zum Start. In Abständen von einer Minute werden die Starts freigegeben. Amelia öffnet stattdessen sofort die Luke ihres Flugzeugs, steigt aus und eilt zu der verunglückten Ruth, um ihr aus der Maschine zu helfen. Der Sieg, der ihr nach Ruths Unfall sicher gewesen wäre, ist jetzt natürlich dahin. Amelia erreicht als Dritte das Ziel. Dafür verbindet sie künftig mit Ruth Nichols eine lebenslange Freundschaft.

Im darauf folgenden November gründen beide Fliegerinnen die Pilotinnenvereinigung »Ninety-Nines«. Der Name geht auf Amelia zurück, die am 2. November 1929 in einem Hangar am Curtiss Flughafen in Long Island vorschlägt, die Vereinigung nach der Gründungszahl ihrer Mitglieder zu benennen. Neunundneunzig von hundertsiebzehn lizenzierten Pilotinnen sind der Aufforderung gefolgt, sich zusammenzuschließen, um Frauen auf dem Gebiet der Luftfahrtforschung, bei dem Erwerb von Erfahrungen in der Luftfahrt, bei Flugwettbewerben oder bei der Ausübung von Hilfeleistungen in Notfällen – wie zum Beispiel: Hungerkatastrophen, Überschwemmungen und Krieg – zu unterstützen. Amelia wird zur Präsidentin gewählt. Sie ist nicht nur die berühmteste Pilotin Amerikas, sondern sie ist vor allem auch diejenige, der man auf Grund ihrer überlegenen und zupackenden Art am ehesten zutraut, die Ziele der »Ninety-Nines« mit Leben zu erfüllen.

Die mutige Pilotin beweist im ersten Jahr ihres Ruhms nicht

nur Erfolgswillen, Sinn für Kommerz und Stil, sie beweist auch Herz. Ihre Berühmtheit nicht auf ein Ziel zu richten würde ihr sinnlos erscheinen. Während Lindbergh die Förderung des zivilen Luftverkehrs zu seiner Lebensaufgabe macht, will Amelia ihre Popularität vor allem nutzen, um die Benachteiligung der Frau in der von den Männern dominierten Welt aufzuheben. Sich auf diesem Gebiet zu engagieren, fängt für Amelia beim Thema »Fliegen« an und zieht sich hin bis zu den großen gesellschaftspolitischen Themen ihrer Zeit. Amelia tritt dem Zonta-Club New York bei. Bereits 1928 hat Zonta in Boston um sie geworben, als sie noch als Sozialarbeiterin tätig war. Damals schon fühlte sie sich verpflichtet, ihre eigenen Chancen und Möglichkeiten in den Dienst für andere zu stellen. Amelia Earhart sollte die beste Zontian werden, die Zonta International, ein 1919 in den USA gegründeter weltweiter Zusammenschluss berufstätiger Frauen, mit dem Ziel, die Stellung und die Rechte der Frauen zu verbessern, je hatte.

G. P. zieht erstaunt die Augenbraue hoch, als Amelia ihm von ihrer Mitgliedschaft bei Zonta erzählt. Er traut seiner Heldin zwar jede Menge facettenreiche Extravaganzen zu, frauenrechtliche Ambitionen hatte er jedoch nicht erwartet. Die kühne Lady gefällt ihm immer besser. Besonders ihr Kopf imponiert ihm. Natürlich fordern auch ihr unangreifbarer Mut und diese spröde Haltung, mit der sie seine Annäherungsversuche seit Monaten schon ignoriert, seine Männlichkeit geradezu heraus.

Amelia ist sehr schlank, sportlich, lässig. Ihre Haut ist immer sonnengebräunt vom ständigen Fliegen im offenen Cockpit. Sonne, Wind und Wetter hinterlassen Spuren, vor denen sich eine wie Dorothy zu bewahren weiß. Sie versprüht auch nicht den weiblich runden Charme, mit dem Putnams Frau besticht. Als beide, Amelia und Dorothy, für Bademoden vor der Presse posieren, ist eindeutig, dass Dorothy den Geschmack der Männerwelt besser trifft. Die schmale Fliegerin ist manch einem

Zeitgenossen zu dünn, zu groß, zu ungeschminkt, zu maskulin. Für G. P. ist sie der Inbegriff des Neuen. Und Dorothy stellt verwundert fest, dass ihr Mann die äußerliche Wirkung seiner Heldin auf eine Art und Weise verändert hat, die in krassem Gegensatz zu ihrer eigenen Ausstrahlung steht. Sie ahnt, dass Amelia Earhart ihren Mann dazu beflügelt, sich noch einmal jung zu fühlen. Er steht mit seinen einundvierzig Jahren in der Mitte des Lebens, hat alles erreicht, was es für ihn zu erobern gibt, und sollte sich Langeweile einstellen, weil er seine Profession routiniert beherrscht, dann ist die zehn Jahre jüngere Amelia Earhart wie geschaffen, um in ihm neue Säfte zu entfachen.

Ähnliche Gedanken gehen auch Amelias Mutter durch den Kopf. Sie mag G. P. nicht besonders. Amy empfindet ihn als kühlen New-Yorker Erfolgsmenschen, dem so etwas wie eine Seele fehlt. Amelia stellte ihn ihrer Mutter vor, als sie diese einmal im Flugzeug mitnahm. Amy vermeidet es seitdem, G. P. häufiger zu begegnen, als es notwendig ist.

Amelia jedoch stellt zum ersten Mal in ihrem Leben fest, dass ein Mann ihr doch etwas zu sagen hat. Im Gegensatz zu der Zeit in Kalifornien und Boston, als Powell Ramsdale und Sam Chapman ihre Begleitung suchten, muss sie sich eingestehen, dass auch sie eine Frau ist, in der sich weibliche Gefühle regen, die augenfällig auf einen Mann gerichtet sind. Auf George Palmer Putnam. »Gefühle sind gefährlich«, befürchtet Amelia in einem dieser Augenblicke, in denen G. P. das Feuer des Flirts zu entfachen versucht. Sie hält es für das Ungeschickteste, was sie tun könnte, ließe sie sich jetzt auf eine Liebesbeziehung mit ihrem Verleger ein. George Palmer schaut ihr trotzdem vehement in die Augen, und es kommt, wie es kommen muss: Amelia ist beeindruckt, dass G. P. ihr keine Chance lässt, sich seinen amourösen Anwandlungen auf Dauer zu entziehen. Ob sie es will oder nicht, sie empfindet ihn als ebenbürtig – und das ist sehr viel!

Georg Palmer Putnam, der Mann von schnellen Entschlüssen, will sie unverzüglich heiraten. Amelia lehnt trotzdem ab. Sie bleibt hart. Erstens, weil er mit Dorothy den Bund fürs Leben geschlossen habe, zweitens, weil sie eine Scheidung verwerflich fände, wenn aus der Ehe Kinder hervorgegangen seien, und drittens, weil sie soeben dabei sei, ihre Zukunft auf eigene, unabhängige Füße zu stellen. Fünfmal noch sollte sie seinen Antrag zurückweisen. Aber da G. P. immer bekommt, was er will, bekommt er auch sie. Dorothy Binney reicht am 29. Dezember 1929 die Scheidung ein und zieht aus der gemeinsamen Villa aus. Im November 1930 schließlich stimmt Amelia Georges Antrag zu. Es ist sein sechster Versuch.

Wie immer informiert er auch darüber die Presse, die ohnehin nach Dorothys Abgang mutmaßte, dass »Lady Lindy« die neue Mrs. Putnam werden würde. Doch Amelia wäre nicht sie selbst, hätte sie nicht bis zuletzt dementiert. Sie beabsichtige, ihr Leben ohne Ehemann zu verbringen, betont sie nachdrücklich. Gegenüber der Presse versichert sie mehrfach: G. P. sei ihr Verleger und nicht ihr Bräutigam. Private Interessen, wie die Presse unterstelle, seien rein spekulativ. Und auch noch im November 1930 dementiert sie die Heiratsabsicht – wahrscheinlich aus Trotz, weil G. P. die Presse ohne ihr Wissen informiert hat.

Dass sie ihn am 7. Februar 1931 schließlich heiratet, bedeutet nicht, dass sie nun doch seine willenlose Schachfigur wird. Sein Geschöpf ist sie zwar. Doch er wird immer auf der Hut sein müssen vor ihrem starken Willen, den sie niemals aufgibt. Bevor sie ihm das Jawort tatsächlich zugesteht, ringt sie ihm das Einverständnis ab, dass er sie gehen lassen müsse, falls einer von beiden in der gemeinsamen Ehe nach Ablauf eines Jahres nicht mehr glücklich sein werde.

Sie verspricht im Gegenzug, alles zu tun, damit die Ehe gelinge. Sie wolle versuchen, sich so zu geben, wie er sie sehe. Und dazu brauchte sie sich nicht zu verstellen. Doch sie betont, die

Ehe sei für sie ein Wagnis, und sie könne nicht garantieren, dass sie die Enge, die zwangsläufig damit einhergehe, immer ertragen könne, selbst wenn es sich dabei um einen goldenen Käfig handele. Sie wolle sich daher jetzt und auch in Zukunft immer zurückziehen können, um allein zu sein, weil sie die Einsamkeit brauche. Auch müsse er versprechen, dass er der Öffentlichkeit keinen Einblick in ihr gemeinsames Privatleben gestatte.

Er solle immer bedenken, dass sie ihn nicht aus irgend welchen vorsintflutlichen Treuegelübden heraus heirate, und sie fühle sich auch nicht ausschließlich an ihn gebunden. Sie sei aber überzeugt, dass er und sie alle auftretenden Schwierigkeiten meistern könnten, wenn sie sich nur gegenseitig vertrauten.

Entschuldigend fügt sie hinzu, dass die Arbeit in ihrem Leben einen übergeordneten Wert habe. Zu arbeiten sei für sie wichtiger und essentieller als alles, und eine Heirat sei in ihren Augen eigentlich das Dümmste, was sie derzeit überhaupt tun könne. Aber sie will es trotzdem tun.

G. P. akzeptiert alles, weil ihn im Grunde seiner Seele mit ihr dieselbe Weltanschauung verbindet. Sie sei die Frau, die ihn am besten verstehe, soll er einmal gesagt haben.

Amelia Earhart und George Palmer Putnam heiraten, für alle überraschend, am 7. Februar 1931 in Noank/Conneticut im Haus seiner Mutter, Mrs. Frances Putnam. Bis zum Schluss halten beide ihre Heiratsabsicht geheim. Selbst Frances erfährt erst am Abend vor der Hochzeit, dass in ihrem Haus die Zeremonie stattfinden werde. Das vanillefarbene Haus in dem kleinen beschaulichen Fischerdorf, geprägt von der Zeit um 1848, mit viel Land und Blick auf die Meerenge von Long Island und in Nachbarschaft zur Baptistenkirche gelegen, eignet sich hervorragend für große Hochzeitsgesellschaften.

Doch die Feier wird im kleinen Kreis, und auch nicht in der Kirche vollzogen. Neben dem Brautpaar, G. P.s Mutter, seinem

131

Onkel Charles Faulkner, zwei kohlrabenschwarzen Zwillings-
katzen und Robert Anderson, dem Sohn von Friedensrichter
Arthur Anderson aus Groton, einem Freund der Familie, der
die Zeremonie vollzieht, sind keine weiteren Gäste geladen.
Auch nicht Amelias Mutter Amy, noch ihre Schwester Muriel.
Muriel ist schwanger und obendrein krank. Und Amy und
sich selbst will sie ersparen, dass ihre Mutter Putnams als
unpassend empfindet. Edwin ist im Jahr zuvor in L. A. gestor-
ben. Er hat den Krebs nicht überlebt.
Die Hochzeitsgesellschaft trifft sich an diesem kalten, aber ausgesprochen schönen Freitag im Wohnzimmer, das im Erdge-
schoss in Richtung Südwesten liegt. Kerzen brennen nicht,
dafür flackert das Feuer im offenen Kamin, und die Sonne
erhellt mit ihren winterlichen Strahlen, die durch die Fensterscheiben einfallen, die Zeremonie, die ganze fünf Minuten
dauert. Arthur Anderson spricht die obligatorischen Worte in
einer angemessenen Würde, wie es zu seinem Job gehört. G. P.
streift Amelia einen schlichten Platinring um den Finger, die
Katzen reiben sich wohlig schnurrend am Knöchel des angehenden Ehemanns, und das Paar sieht sich in die Augen. Die
kleine Gesellschaft bringt einen Toast auf Braut und Bräutigam aus, die glücklich, aber auch gelassen auf ihre Gäste wirken.
Amelia trägt braune Schuhe, ein braunes Kostüm, eine hell-
braune Bluse und zieht sich einen braunen Pelzmantel über,
denn das Paar beabsichtigt, sofort zu einem unbekannten Ort
ins Wochenende aufzubrechen. G. P. telefoniert noch mit seiner Sekretärin, Josephine Herger, in New York, um seine Eheschließung anzeigen zu lassen. Dann verabschieden sich die
Frischvermählten, und Amelia Earhart ist verheiratet.
Manchen Chronisten zufolge soll die Zeremonie noch merk-
würdiger verlaufen sein. Es habe nirgendwo im Haus Blumen
gegeben, und Amelia soll sich die ganze Zeit mit dem jungen
Robert Anderson über die technischen Probleme des Fliegens

Ein Winner-Team: Amelia und George Palmer Putnam heirateten im Februar 1931. Ihre Arbeit war der Pilotin das Wichtigste in ihrem Leben. Sie ist schon jetzt berühmter als ihr Mann, der sich für die Fotografen immer wieder mit aufs Bild drängt. (Foto: Bilderdienst Süddeutscher Verlag, München)

unterhalten haben, und zwar so lange, bis Richter Anderson zur Trauung aufgerufen hätte. Nach dem kurzen Ja sei sie dann gleich wieder an die Seite ihres jugendlichen Bewunderers zurückgekehrt, um das fachliche Gespräch fortzuführen.

G. P. steht diesmal zu seinem Versprechen. Die Presse wird nicht vor, sondern erst nach vollzogener Trauung informiert. Auch hält er den Ort geheim, zu dem er mit Amelia aufbricht. Die »New York Times« berichtet erst in ihrer Samstagsausgabe, dass Amelia Earhart G. P. Putnam geheiratet habe. Die Atlantikbezwingerin werde aber weiterhin unter ihrem Mädchennamen auftreten, heißt es darin. Miss Earhart. Am Montag seien beide zurück in ihren Büros, erfährt der Leser und liest, dass A. E. betonte, dass sie nicht daran dächte, ihrem Mann zu gehorchen, weil diese Forderung im zivilen Eherecht auch nicht enthalten sei.

Amelia Earhart kann ihren Verleger und Manager 1931 bedenkenlos heiraten. Sie hat sich seit ihrem Atlantikflug, bei dem sie nichts als ein Gepäckstück war, einen Namen gemacht. Sie hat Rekorde aufgestellt und Bestmarken gesetzt, Artikel verfasst und Vorträge gehalten. Sie ist Bestsellerautorin, bewirbt Fluglinien und steht einer Pilotinnenvereinigung vor. Amelia steht auf einem starken Fundament, das es ihr erlaubt, gleichberechtigt und Hand in Hand mit G. P. durchs Leben zu gehen. Sie sind ein perfektes Paar, der Verleger und Manager und seine eigenwillige eigenständige Traumfrau, deren Wünsche ums Fliegen und die Frauenfrage kreisen. Sie planen, in New York zu wohnen, weil diese Stadt zu ihrem Leben passt.

Gleich nach der Hochzeit beziehen Amelia Earhart und George Palmer Putnam ein luxuriöses Domizil im Hotel Wyndham, in der 42 West 58th Street von Manhattan. New York, Rye und Hollywood sind in den nächsten Jahren die Schauplätze, an denen die Putnams ihr Leben erfolgreich in

Szene setzen. Es ist ein Spiel der Giganten, das sich da am Horizont zu entzünden beginnt. In dem Augenblick, in dem A. E. Putnams Frau wird, schlägt sie zurück. Sie wird dem Mann ebenbürtig, der die Geheimnisse der WASPs und die Sehnsüchte der Massen so gut kennt, dass sie mit seiner Hilfe jeden Tag ein Stück mehr zum Mythos emporsteigt, hineinfliegt ins Pantheon der Lüfte, auch wenn sie sich auf dem Gipfel des Erfolges in die Ewigkeit aufmachen und ihn auf Erden zurücklassen wird. Sie ist sein Geschöpf, er der Drahtzieher. Dass Geschöpf und Drahtzieher sich gefunden haben ist zwingend, denn beide verbindet der rastlose Drang zur Arbeit. George Palmer und Amelia sind Workaholics, auch wenn das Idiom für diesen Wesenszug erst Jahrzehnte später Eingang in den gesellschaftlichen Wortschatz finden wird.

8. Kapitel

Amelia als Symbol der Politik

Obwohl oder gerade weil Amelia ein Medienstar geworden ist, dauert die Kritik an ihrer Person an. Sie sei trotz ihrer bemerkenswerten Erfolge keineswegs die herausragendste Pilotin der USA, lästern ihre Neider. Ihre technische Perfektion lasse zu wünschen übrig. Andere Frauen flögen besser als sie. Amelia Earhart, die schon als Kind mit außergewöhnlichen Leistungen liebäugelte, können solche Meldungen, die an ihre Ohren dringen, nicht kalt lassen. Und eigentlich hat sie, so glaubt sie selbst, immer noch nichts geleistet, das in ihren Augen wirklich etwas Besonderes wäre. Sie will keine falsche Heldin sein, sondern eine echte.

Also liegt der Gedanke nahe, noch einmal den Atlantik zu überqueren. Diesmal allein. Unter ihrem Namen. Als Grenzgängerin. Einzig, weil sie es will, weil der Flug vor vier Jahren, bei dem sie nichts als ein Gepäckstück war, noch immer an ihr nagt. Sich selbst treu zu bleiben ist Grund genug, um das Abenteuer, das bisher noch keine Frau im Soloflug gewagt hat, ins Auge zu fassen.

Im Januar 1932 vertraut sie G. P. ihr Vorhaben an: »Würde es dir etwas ausmachen, wenn ich noch einmal über den Atlantik fliege?« Beiläufig stellt sie ihm die Frage und vermeidet das Wörtchen »allein«. George sitzt mit weißen Boxershorts auf der Bettkante des gemeinsamen Schlafzimmers in ihrem luxuriösen Apartment im Hotel Wyndham, lockert soeben seine Kravatte und sieht sie prüfend an. Ein arbeitsreicher Tag geht für ihn zu Ende, und eigentlich hatte er nicht vor, noch eine einzige Entscheidung zu fällen. Ihm entweicht ein tiefes Seufzen.

In den letzten vier Jahren haben mehrere Piloten versucht, Lindbergh nachzueifern und den Ozean in Richtung Europa noch einmal zu bezwingen. Sechs von acht haben das Abenteuer nicht überlebt. Zwei, die ohne jeden weiteren Helfer aufbrachen, gelten als verschollen. Und vier, die einen zweiten Mann an Bord hatten, sind ebenfalls tot. Seit Lindberghs Soloflug sind fünf Jahre vergangen. Die Luftfahrtindustrie steuert immer noch nicht den Alten Kontinent an. Davon ist Amerika weit entfernt, obwohl die Pläne längst in den Schubladen liegen. Das Risiko ist groß, und G. P. ahnt, dass Amelia einen Alleinflug ins Auge fasst.

Er fürchtet die Gefahren, doch er weiß nur zu gut, dass ihr Soloflug die Gemüter noch einmal kräftig erhitzen würde. Seit dem Schwarzen Freitag vor zweieinhalb Jahren, als an der Wall Street die Aktien ins Bodenlose sanken und die Massen in die Armut stürzten, als die tosenden Zwanziger ihr jähes Ende nahmen, sind die wahnwitzigen Abenteurer ins Hintertreffen geraten. Mit ihrem Alleinflug würde das Lindbergh-Fieber möglicherweise wiederkehren. Sie würde der Nation verheißen, dass die Welt sich trotz der Weltwirtschaftskrise weiterdreht und Amerika die größte Nation geblieben ist, die auch dieses Elend überwindet, sinniert der Verleger, der ein sicheres Gespür für Trends besitzt. Für einen Star, der den Aufbruch zu anderen Ufern beschwört, der die wandernde Grenze von einst abermals neu definiert, wittert er die besten Voraussetzungen.

Amelia, die ihre blonden Locken frisiert, blickt ihm erwartungsvoll in die Augen, und G. P. sagt: »Selbstverständlich macht es mir etwas aus, wenn du allein fliegst. Aber ich werde dich niemals daran hindern, deinen Weg zu gehen. Die Zeit ist reif, etwas anderes, Neues zu wagen. Also flieg die Strecke noch einmal – allein. Wir müssen aber eine andere Route wählen als vor vier Jahren oder als Lindberghs«, fügt er nachdenklich hinzu. »Ich will nicht nur allein fliegen, ich will schneller sein als Wilmer Stultz und Charles Lindbergh«, offenbart Amelia ihrem Mann, und George ist klar, dass seine Frau die Power zu einem neuen Rekord hat. Beide verständigen sich auf Irland.

Als dieser Gedanke gefasst ist, laufen die Vorbereitungen für ihren Flug unverzüglich an. Amelia will mit ihrer Lockheed Vega fliegen. Da die Maschine seit drei Jahren in ihren Händen ist und der Motor bereits etliche Flugmeilen absolviert hat, muss das Flugzeug einer gründlichen Wartung unterzogen werden. Amelia entscheidet sich für den Einbau eines neuen, 500 PS starken Motors, und G. P. besteht darauf, dass alle technischen Sicherungsinstrumente, die neu auf dem Markt sind, berücksichtigt werden. Amelia erhält drei Kompasse, einen Höhenschreiber, einen Geschwindigkeitsmesser und einen Abdriftanzeiger.

Das Fahrwerk durch Pontons zu ersetzen, lehnt Amelia entschieden ab. Um schneller als Lindbergh und Stultz sein zu können, will sie sowohl das Gewicht als auch den Luftwiderstand mindern. »Ich hasse es, nasse Haare zu bekommen. Ich muss eben so lange fliegen, bis ich Land sehe«, äußert sie gegenüber Bernt Balchen und Lincoln Ellsworth, die in einem

Hangar am Teterboro Airport in New Jersey die technischen Arbeiten an ihrer Lockheed Vega durchführen.

Dass Balchen und Ellsworth auf ihrem Gebiet Experten sind, kann Amelia nicht umstimmen. Balchen flog 1929 mit Byrd als erster über den Südpol und Ellsworth 1926 mit Roald Amundsen zum Nordpol. Beide empfehlen ihr eindringlich, schwimmende Kufen anbringen zu lassen. Sie wissen, worüber sie reden. G. P. spricht sich ebenfalls für die Pontons aus. Amelia bleibt ablehnend. Sie schüttelt den Kopf, als sie zu viert im Hangar stehen und Balchen das Gespräch zum dritten Mal auf dieses Thema lenkt. G. P. gibt ihm einen Wink, zu schweigen. Amelia fliegt allein. Sie soll selbst entscheiden. Mulmig ist ihm allerdings schon bei der Vorstellung, dass die Schwimmer gebraucht würden.

Harbour Grace, Neufundland, 20. Mai 1932. Amelia hält sich auf den Tag genau fünf Jahre nach Lindbergh bereit für ihren Soloflug nach Europa. Sie sitzt mit Reithose, weißer Seidenbluse, lederner Fliegerjacke, Kappe und Flugbrille im Cockpit ihrer Lockheed Vega und wartet auf das Handzeichen, das der Pilotin signalisiert, den 500 PS starken Motor ihres aufgerüsteten Flugzeugs zu starten. Amelia ist innerlich hochangespannt und nervös. Den Reportern, die die Maschine umlagern, zeigt sie trotzdem ihr gewohntes, siegverheißendes Lächeln.

Der Flug ist bereits weltweit für die Nachrichten freigegeben worden. In wenigen Minuten muss sie ihre Maschine die Piste entlangjagen und die Vega nach oben bringen. Sogar in den Flügeln und in der Kabine stehen riesige Zusatztanks, deren Kapazitäten ausreichen, um bis zu 5 800 Kilometer zu fliegen. Amelia rückt ihre Flugbrille zurecht, wirft einen kurzen Blick auf ihre technischen Instrumente, die ihr helfen sollen, Irland zu finden, und tastet ein letztes Mal nach der Thermoskanne mit Tomatenjuice und den Riechsalzen. Auch sie sind an Bord. Es sind die einzigen Hilfsmittel, die Amelia akzeptiert, um auf langen Flügen wach zu bleiben. Die Suppe wirkt gegen den

Hunger, und die Riechsalze vertreiben jede Schläfrigkeit. Amelia verabscheut es, Tee oder Kaffee zu trinken, wenn sie fliegt.

»In weniger als fünfzehn Stunden melde ich mich wieder«, ruft sie aus dem Cockpit, startet den Motor und das Flugzeug rast die Startbahn entlang. Um 19.12 Uhr hebt die Maschine unter ohrenbetäubendem Lärm ab. Amelia zieht eine Schleife und entschwindet in den Himmel. Dort oben ist sie in ihrem Element. Die Weite des Himmels gibt ihr das Gefühl, wirklich frei zu sein. Sie ist nur sich selbst und ihrer Maschine verantwortlich. Amelia und das Flugzeug sind eins. »Wenn ich einmal gehen muss, dann will ich in meiner Maschine sterben, und es soll schnell gehen«, wird sie später einmal sagen. Während sie fliegt, denkt sie nie an den Tod, obwohl sie sich vor jedem Start den Absturz vor Augen hält. Doch jetzt ist sie von solchen Gedanken meilenweit entfernt.

Sie wird demnächst fünfunddreißig Jahre alt und hat sich vorgenommen, Amerikas größte Pilotin zu werden. Bereit, den Traum der Menschheit, den in der Vergangenheit vor allem die Männer verwirklichten, auch den Frauen in den Schoß zu legen. Hatte vor dem Start auch sie Lampenfieber, so löst es sich mit jedem Flugkilometer in entspanntes Wohlgefallen auf.

Auf denen, die sie zurücklässt, lastet hingegen die bange Zeit des Wartens. Endlos lange Stunden liegen vor ihnen und erfordern Nerven, die G. P. diesmal nicht zu haben scheint. Der Manager der Abenteurer gesteht in New York einem Freund, dass er große Angst um Amelia habe. Er hat sein Büro in ein Pressecenter umgerüstet und macht die ganze Nacht kein Auge zu. Nichts würde ihn furchtbarer heimsuchen als ihr todbringender Absturz.

Als sich Tag und Nacht die Hände reichen, ist Amelia Earhart vier Stunden unterwegs. Jetzt fangen die Problem an. Amelia steht vor der größten Herausforderung ihres bisherigen Lebens. Sturmböen und starker Regen rütteln nicht nur gna-

Amelia und das amerikanische Botschafterehepaar Mellon in London (1932) bei einem offiziellen Empfang. Von jetzt an war Amelia Symbol für den amerikanischen Fortschritt und die Überwindung von vermeintlichen Grenzen. (Foto: Ullstein Bilderdienst, Berlin)

denlos an der Vega, sondern auch an ihren Nerven. Dicke Wassertropfen prasseln unaufhörlich gegen die Scheiben des Cockpits. Die Sicht ist miserabel. Ihre Vega tanzt mit dem Wind. Nur mit allergrößter Mühe gelingt es der Pilotin, die Maschine auf Kurs zu halten.

Amelia umklammert das Steuer mit eiserner Hand, nimmt die Geschwindigkeit zurück und starrt auf ihre Instrumente, die im selben Augenblick aufhören, ihr das Gefühl der unangreifbaren Sicherheit zugeben. Kompasse und Höhenschreiber fallen nacheinander aus. Wie ein Blitz schlägt die Erkenntnis der totalen Einsamkeit in ihr ein. Um sie herum ist alles finster. Nach einer Stunde lassen Sturm und Regen nach.

Für einen kurzen Augenblick entdeckt Amelia über sich das Licht des Mondes, bevor es von neuen Wolkenungetümen verschlossen wird. Sie beschließt, die Maschine nach oben zu ziehen und die Wolken unter sich zu lassen. Nun passiert, was auch Stultz vor vier Jahren erfahren musste, als er dem hoch stehenden Nebel auszuweichen versuchte: Eis legt sich wie ein dichter, undurchdringlicher Film auf die Scheiben des Cockpits, und auch der Geschwindigkeitsmesser zeigt Spuren der Vereisung. Die Nadel schlägt heftig in beide Richtungen und dreht sich immer schneller. Aus. Blind jagt sie ihre Maschine durch die Luft, ohne zu wissen, wie schnell sie fliegt.

Die Eisschicht an den Fensterscheiben des Cockpits nimmt unterdessen zu. Auch die Flügel müssen dick mit Eis überzogen sein, denn das Flugzeug wird immer schwerer und steigt nur mehr langsam. Sofort schiebt A. E. die Steuersäule nach vorne, um die Vega wieder nach unten zu bringen. Sie will mit diesem Manöver die Vereisung lösen, die sonst unweigerlich zum Absturz eines Flugzeugs führt. Die Maschine ist inzwischen bereits so manövrierunfähig geworden, dass sie trudelnd in die Tiefe stürzt. Der Höhenschreiber fängt wieder an zu arbeiten und Amelia registriert einen Höhenverlust von 3 000 Fuß. Blankes Entsetzen macht sich breit. Ihr Magen

»Ich fliege selbst«: Im Mai 1932 wurde Amelia nach ihrem Solo-Atlantik-flug von der begeisterten Menschenmenge in Londonderry empfangen. Die Massen drohten die Absperrungen zu durchbrechen. Der Flug der Pilotin ist zu dieser Zeit eine ähnliche Sensation wie die erste Mondlandung.
(Foto: Ullstein Bilderdienst, Berlin)

fängt an zu krampfen. Nur knapp über der Wasseroberfläche gewinnt sie die Gewalt über ihre Vega zurück.

Amelia steigt unverzüglich auf und stellt erleichtert fest, dass der Kreiselkompass seine Funktion wieder aufnimmt. Sie bemerkt aber auch, dass sich erneut Eiskristalle an der Scheibe des Cockpits niederschlagen, und das bedeutet, sie fliegt zu hoch. Amelia bleibt nichts anderes übrig, als sich den Weg durch die Wolken zu bahnen, die sich immer noch unverändert über dem Atlantik auftürmen. »Der Kreiselkompass war mein Lebensretter«, erinnert sie sich später in ihrem Buch. Alle fünfzehn Minuten muss sie ihn neu einstellen, um Kurs halten zu können. Amelia Earhart beweist während ihres Solofluges, dass sie Nerven wie Drahtseile hat. Über eine zün-

143

gelnde Stichflamme in ihrem Auspuffrohr sieht sie seit Stunden schon hinweg. In den frühen Morgenstunden des 21. Mai 1932 erreicht sie mit dem letzten Tropfen Sprit die Küste Irlands. Rasend schnell hält sie darauf zu. Dann dreht sie ab in Richtung Landesinnere, versucht, Eisenbahnlinien ausfindig zu machen, und plant, den nächstbesten Flughafen anzupeilen. Es findet sich nur keiner. Amelia entscheidet, auf der grünen Wiese zu landen. Mitten auf einer hügeligen Kuhweide setzt sie die Vega sicher ins Gras, schaukelt holpernd weiter und bleibt stehen. Erstaunt sieht sie sich verdutzten Kühen gegenüber, genießt einen kurzen Augenblick die saftig grünen Hügeln Irlands, öffnet die Maschine und klettert hinaus.

A. E. ist angekommen. In Irland, in der Nähe von Londonderry, und am Ziel ihrer lang gehegten Träume. Am 21. Mai 1932 ist sie tatsächlich die erste Frau, die ganz allein und ohne Funknavigation, wie sie ein paar Jahre später selbstverständlich wird, den Atlantik bezwungen hat. Sie ist einen professionellen Stunt geflogen, den Männern gleich. Obendrein ist sie der erste Mensch, der diesen Ozean, der die Neue von der Alten Welt trennt, zweimal überflogen hat. Und sie ist schneller gewesen als Lindbergh vor fünf und Stultz vor vier Jahren. Sie ist jetzt sogar weltweit die Frau, die die längste Zeit nonstop allein in der Luft blieb. Dreizehn Stunden und dreißig Minuten. Und das alles, um sagen zu können: »Ich komme aus Amerika«, und »ich fliege, weil ich es will.«

G. P. ist erleichtert und jubelt, als er von ihrer geglückten Ankunft erfährt. Er informiert sofort die Presse, die sich beeilt, nach Londonderry zu gelangen und von Amelia die ersten Fotos zu schießen. Und Putnam telefoniert unverzüglich mit dem amerikanischen Botschafter, Andrew W. Mellon, in London. Die britische Hauptstadt eignet sich am besten für große Schlagzeilen, wie G. P. sie liebt. Mellon lässt Amelia daraufhin schnellstmöglich mit einer Privatmaschine nach Hanworth-Air-Park außerhalb Londons zu einem privaten Fliegerclub bringen. Wolkenverhangen ist der Himmel, als Amelia bereits einen Tag nach ihrer Ankunft in Londonderry Irland wieder verlässt.

Sie lehnt sich in ihren Sitz zurück und ist für einen Augenblick sogar froh, dass sie nicht selbst das Steuer in den Händen hält. Entspannt schließt sie die Augen und lässt den ganzen Presserummel der vergangenen Jahre vor ihrem geistigen Auge vorüberziehen. Was jetzt kommt, stellt sie sich vor, wird aufreibender werden als alles, was war. Was sie sich nicht vorstellt, ist die derweil stattfindende Prügelei zwischen einem Kameramann und einem Reporter im Gerangel um die besten Presseplätze im Air-Park-Clubhaus. Sie ahnt auch noch nichts vom Tod eines anderen Kameramanns und seines Piloten, die beide auf dem Weg von Londonderry nach London abstürzen. Der Kameramann hatte wenige Stunden zuvor etliche Fotos von ihr geschossen, die er nach London bringen wollte. Nun ist er tot.

Grau und regnerisch präsentiert sich die britische Hauptstadt, als Amelia eintrifft. Tief hängende Wolken entladen sich, kurz nachdem die Maschine gelandet ist. Schnell verlässt Amelia das Flugzeug und rauscht im strömenden Regen zum Clubhaus, wo der Botschafter und die Presse bereits auf sie warten. Mellon feiert Amelia als amerikanisches Frauenwunder und ihren Flug als Sieg der Nation über die Krise, die als große Weltwirtschaftskrise über alle hereingebrochen sei. Sie sei die Personifikation des Sieges und der willensstarken amerikanischen Nation, die alles bezwingen könne, was sie wolle. Dann überbringt er ihr die Glückwünsche des britischen Premierministers James Ramsay MacDonald. Mellon liest die Grußworte vom Blatt, die mit: »My friend, Miss Earhart ...« beginnen.

Anschließend bringt Mellons Wagen Amelia in die Residenz der amerikanischen Botschaft nach London, wo Mellon ihr zu Ehren ein Essen gibt. Auf dem Weg dorthin halten sie bei den Studios der britischen Rundfunkgesellschaft, damit Amelia zur amerikanischen Nation sprechen kann. Ihre Stimme klingt ruhig wie immer, obwohl sie aufgewühlt ist wie nie zuvor in ihrem Leben. Sie spricht als Miss Earhart, denn »Lady Lindy« gibt es nicht mehr. Amelia streift das Image von sich, auch wenn sie vielen noch immer als Pendant zu »Lucky Lindy« erscheint. Miss Earhart spricht, wie G. P. sie gelehrt hat zu sprechen, und er kann stolz sein auf seine Frau. Wenige Minuten nur dauert die Ansprache, die live gesendet wird. Miss Earhart verlässt die Studios, steigt wieder ein in die Limousine des Botschafters, dessen Chauffeur als nächstes die Residenz ansteuert.

Während des Essens wird sie mit Fragen überhäuft. Spätere Chronisten loben vor allem Amelias bescheidene Art aufzutreten, obwohl sie einen trefflichen Grund zum Übermut gehabt hätte. »Mit meinem Flug habe ich nichts Wesentliches zur Luftfahrt beigetragen. Schließlich sind schon Dutzende vor mir über den Atlantik geflogen«, wehrt Amelia ab und ergänzt: »Dennoch hoffe ich, dass mein Flug eine Bedeutung für alle Frauen hat. Wenn dem so ist, hatte er einen Sinn.« Mellon ist zufrieden.

Anschließend gibt sie eine Pressekonferenz in der Bibliothek der Botschaft. »Miss Earhart, würden Sie uns von Ihrem größten Risiko während des Fluges erzählen?« – »Miss Earhart, seit wann wussten Sie, dass Sie allein über den Atlantik fliegen wollen?« – »Miss Earhart, sind sie der Meinung, Frauen können alles erreichen, was sie erreichen wollen?« – »Miss Earhart, würden Sie uns Ihr nächstes Ziel verraten?« – »Was werden Sie tun, wenn Sie in die Staaten zurückgekehrt sein werden?« – »Miss Earhart, wollen Sie Kinder haben?« – »Miss Earhart, wie denken Sie über die Zukunft der Vereinigten Staaten?«

Amelia antwortet geschickt, ohne zu viel von ihrer Story preiszugeben, denn ihr Abenteuer soll exklusiv verkauft werden. Ein gewisser Grubb, hatte G. P. ihr eingeschärft, werde sich um die Rechte kümmern. Amelia bleibt geduldig, obwohl sie vor lauter Müdigkeit am liebsten sofort in den Schlaf sinken würde. Diplomatisch umschifft sie alle journalistischen Klippen und beweist ihre Fähigkeiten als perfekte Selbstdarstellerin, wie es weltweit in ihrem Genre keine zweite gibt. »Wäre ich nicht mit dem Besten ausgerüstet gewesen, hätte ich es nicht geschafft«, betont sie nachdrücklich und verweist dabei auf ihre Techniker daheim in den Staaten. Die Männer hören solche Sätze gern.

Auf den Tag genau fünf Jahre nach Lindbergh zeigt Amelia, dass Frauen selbstverständlich auch können, was Männer tun. Der heimliche Schwur, etwas Besonderes im Leben zu leisten, ist ebenfalls eingelöst. Sogar hartnäckigen Kritikern, die sich in den letzten Jahren eine gewisse Ablehnung nicht verkneifen konnten, nimmt sie den Wind aus den Segeln. Blitzlichtgewitter, endloses Händeschütteln. Dann endlich geht der Tag zu Ende. Amelia Earhart hat am 20./21. Mai 1932 nicht nur Fluggeschichte geschrieben; sie macht Frauengeschichte. Wer sie kennt, der ahnt bereits, dass das nächste Kapitel nicht lange auf sich warten lassen wird. Vom Kinderkriegen kann jedenfalls keine Rede sein.

Die folgenden Tage dienen der Pressearbeit. Telegramme müssen beantwortet werden, Verträge über die Abdruckrechte sind abzuschließen. G. P. hat seinen Agenten Grubb wissen lassen, unter 2500 Dollar dürfe keine Story verkauft werden. Körbeweise treffen prominente Glückwünsche ein. Der amerikanische Präsident Hoover ehrt sie als diejenige, die bewiesen habe, dass die Frauen selbst unter risikoreichen Voraussetzungen Gleiches leisten könnten wie die Männer. König Georg V. von England spricht ihr seine Bewunderung aus, ebenso König Albert von Belgien. Amelia erhält Hunderte Telegramme von Pilotenvereinigungen und Frauenorganisationen; Frauen in bedeutsamen Positionen feiern sie als Siegerin über die von Männern dominierte Gesellschaft.

Ein Zustand, der in Amerika keineswegs alltäglich ist. Dass Amelia Earhart nicht nur eine Frau, sondern eine Amerikanerin ist, erfüllt die gesamte amerikanische Nation mit Stolz. Denn nirgendwo auf der Welt werden die Grenzen so gerne verschoben wie in dem Land, in dem Amelia Earharts Wiege stand. Und nirgendwo auf der Welt haben die Frauen in den letzten Jahren so sehr an den Festen der Männer gerüttelt wie in den USA.

Die Zahl der berufstätigen Frauen ist in den Staaten zwischen 1914 und 1930 von zwei auf zehn Millionen angewachsen. Die neue Selbständigkeit blieb natürlich nicht ohne Folgen für die ganze Gesellschaft, die seit dem Ende des Ersten Weltkriegs ohnehin heftig in den Wehen des modernen Umbruchs liegt. Das alte, tradionsbewusste, konservativ-ländliche Amerika, geprägt von viktorianischen Moralvorstellungen, sieht sich fortwährend an den Pranger gestellt. Was mit dem Aufschrei einiger weniger intellektueller Kulturkritiker nach dem Krieg begann, mündet seit den zwanziger Jahren in eine breite gesellschaftliche Bewegung, die mit der städtischen Kultur des technischen Fortschritts paktiert und ein Lebensgefühl des schnellen Daseinsgenusses propagiert.

Das Leben hemmungslos zu genießen, ohne Rücksicht auf Vergangenheit oder Zukunft, besagen die neuen gesellschaftlichen Maximen; und die teilen ihre Befürworter dank der ebenso neuen Medien den breiten Massen tagtäglich mit. Eine wichtige Rolle spielen die Lehren von Sigmund Freud. Sie sind eine der wirkungsvollsten Waffen im Kampf gegen die alten Tabus des »echten« Amerika. Freud kommt nicht nur in Mode, wird nicht nur simplifiziert und popularisiert, Freud ist Programm.

Kulturkritik, technischer Fortschritt und Freud-Rezeption rücken seit gut zehn Jahren die Rolle der Frau in den Mittelpunkt komplexer avantgardistischer Gedankenspiele, die die Gleichstellung von Mann und Frau nicht nur in öffentlicher und beruflicher, sondern auch in gesellschaftlicher Hinsicht betonen. Mit wahrer Besessenheit kämpft Amerika für die Anliegen der Frauen, deren Rolle stringent zu wandeln sei. Und doch ist es nicht die ganze Nation, sondern nur ihre intellektuelle Avantgarde.

Der Rollenwandel der Frau – er betrifft nicht nur den Beruf, sondern auch Alkohol, Zigaretten und Sex – ist nicht frei von Doppelpoligkeit, die ihren Ausdruck augenscheinlich in der Mode hat. Während einerseits die Annäherung an die Welt der männlichen Macher rein äußerlich mit Bubikopf und dem Verzicht auf weibliche Rundungen zelebriert wird, liegen andererseits kurze Röcke, aufreizende Badebekleidung und auffällige Schminke als »sexy« im Trend. Ein Leitbild, das die »Traumfabrik« Hollywood regelmäßig neu belebt.

Die Frauen haben nicht nur an den Grundfesten der Männer gerüttelt; sie haben sich zugleich auch benutzen lassen und somit ihre Gleichheit selbst in Frage gestellt. Symbol für das andere, das wirklich avantgardistische Amerika aber ist seit dem Mai des Jahres 1932 Amelia Earhart. Die Fliegerin mit dem lockigen Bubikopf wird die Ikone all derer, die das alte Amerika des 19. Jahrhunderts in kühneren Dimensionen als in aufreizender Kleidung oder greller Schminke zu überwinden trachten.

Dabei ist Amelia selbst Bestandteil des viktorianischen Amerikas, das sie bereits in ihren Kindertagen im Haus von Richter Otis abzustreifen verstand. Mit ihrem Soloflug über den Atlantik ist sie über diese Wurzeln hinausgewachsen, obwohl gerade der Viktorian Style ihr den Weg zu den Meriten des Ruhms ebnete. So wandelt sie sogar die Glücklosigkeit ihres Vaters Edwin um, der keinen anderen Ausweg als den Alkohol sah, in den Sieg der Frauen über die Ignoranz. Sie gibt durch ihre Erfolge Edwin die verlorene Ehre zurück. Sie ist auch nicht länger die schwache Kopie von Charles Lindbergh, sie ist sie selbst. Und sie wird nicht müde, der Welt zu verkünden, dass das einzige Motiv ihres Fluges »Just the fun of it« gewesen ist. Das ist Amelia Earhart. Fliegen und Rekorde brechen, einzig, weil sie es will.

Amelia Earhart ist aber auch das Symbol der Politik für die Überwindung von Grenzen, und so wird ihr nicht nur Hoover, der im Mai 1932 das Amt des Präsidenten noch für kurze Zeit bekleidet, sondern auch sein Nachfolger im Amt, Franklin Delano Roosevelt, die Ehrerbietung erweisen. Die Arbeitslosigkeit, die 1929 kaum nennenswerte 3,2 Prozent beträgt, schnellt im Getriebe der Weltwirtschaftskrise bis 1933 auf 25 Prozent nach oben und bleibt im Verlauf der dreißiger Jahre hoch. Das Land braucht Brot und Spiele, G. P. hat es vorausgesagt.

Amelia Earhart und G. P. liegen nicht nur im Trend, sie setzen ihn. Beide verkörpern die Avantgarde, ohne die die Politik in den nächsten Jahren nicht auszukommen glaubt. Franklin Delano Roosevelt, der leicht gehbehinderte Gouverneur aus New York und Kandidat der Demokraten für die im Herbst anstehenden Präsidentschaftswahlen, wird mit seinem Wahlversprechen: »A new deal for the American people«, den Republikaner Hoover vom Stuhl des Präsidenten drängen und sich selbst drauf setzen.

Roosevelt ist kein Revolutionär, der Big Business zu überwinden und mehr staatliche Autorität einzuführen trachtet. Er zielt darauf, die amerikanische Gesellschaft den Gegebenheiten ihrer Zeit, nämlich der großen Weltwirtschaftskrise, anzupassen, um die maßgeblichen Fundamente der alten freiheitlichen politischen Ordnung zu bewahren. Er ist auch nicht der viel beschriebene nonchalante reine Menschenfreund, sondern in ihm brennen ebenso brutaler Ehrgeiz und Machthunger. Auch sein Sendungsbewusstsein, das in einer religiösen Gläubigkeit wurzelt, ist Grund genug für seine leidenschaftliche Hingabe an die Berufung, Amerika und der Welt ein neues Gesicht zu geben.

Das neue Gesicht der Politik, das mit Roosevelt in diesen Tagen vehement ins Weiße Haus drängt, trägt Züge des alten in sich. Er wird Altes mit Neuem verbinden. Ganz so, wie auch A. E. und G. P. die Richtung ändern: Amelia Earhart statt »Lady Lindy«. Nichts drückt diesen Wandel besser aus, als G. P.s erstes Statement an die amerikanische Presse über ihren geglückten Soloflug. »This is her stunt. She is doing it under her own name, Amelia Earhart. That's the name she made for herself.«

Amelia bleibt bis zum 2. Juni 1932 in London. Danach bricht sie nach Frankreich auf, wo sie ihren Mann treffen will. George Palmer kommt nach Europa, weil sie glaubt, »I just couldn't face coming home alone.« Sie teilt es ihrer Mutter Amy von London aus mit. G. P. hat bereits alles für ihre Rückkehr nach New York arrangiert, so dass er ihren Wunsch bereitwillig erfüllt. Er wird für den 3. Juni an Bord der »Olympia« in Cherbourg erwartet.

Seit Amelia in Londonderry aus ihrer Vega stieg, ist sie keine normale Sterbliche mehr. Sie kann keinen Schritt mehr tun, ohne dass sich die Presse oder die Massen an ihre Fersen heften. Ihre Ankunft will sich in Frankreich niemand entgehen lassen. Tausende sind auf den Beinen, säumen den Weg vom Hafen bis zum Hotel Lotti, in dem sie eine Suit gemietet hat. Amelia ist in Begleitung des amerikanischen Konsuls, Horatio Moor, und Vicomte Jacques de Sibour, mit dem Putnams befreundet sind. Gemeinsam erwarten sie G. P., dessen Schiff »Olympia« mit Verspätung eintrifft, was die Spannung in der Menschenmasse anschwellen lässt. Als er endlich von Bord geht, bittet ein Kameramann von der Wochenschau G. P. und Amelia um eine Umarmung für die Kamera, doch dazu kommt es nicht. Die Franzosen, die gekommen sind, um ihr zu huldigen, drängen kraftvoll vorwärts und schieben sich zwischen das Paar, so dass Amelia ihren Mann aus den Augen verliert. Beide gelangen schließlich auf getrennten Wegen ins Hotel.

Sie muss sich auf dem Balkon ihrer Suite zeigen und winkt minutenlang den begeisterten Menschen zu, die nicht einmal ihre Sprache sprechen. Sie lächelt; ihre kurzen, blonden Locken stehen wirbelnd im Wind; ihre blaugrauen Augen blicken scheinbar fest hinein in die Masse, in der der Einzelne zu einer unförmigen Figur tänzelnder Bewegungen verschmilzt. Nur scheinbar blickt sie in die Menge hinein. In Wirklichkeit sieht sie weit darüber hinweg.

Die folgenden zwei Wochen verbringen G. P. und Amelia Earhart in Europa. Sie reisen durch Frankreich, Belgien und Italien, werden im belgischen Königshaus empfangen und haben eine Audienz bei Papst Pius XI. Am 14. Juni 1932 kehrt Amelia Earhart mit dem französischen Kreuz der Ehrenlegion, der Medaille des Aero Club Frankreichs, dem belgischen Kreuz des Leopoldordens und vielen tausend Wünschen im Gepäck zusammen mit ihrem Mann nach New York zurück. Ob sie denn auch einen Kuchen backen könne, haben die Franzosen sie bei der Verleihung ihrer Ehrenauszeichnung gefragt. Sie bleibt die Antwort schuldig. Sie nähme die Ehrung im Namen aller Frauen an, die Kuchen backen oder etwas gleich Wichtiges oder Wichtigeres tun könnten, als zu fliegen, lautet ihre Antwort, wobei sie vielsagend lächelt.

Die nächste Station ist New York. Einlaufen unter der Freiheitsstatue wie beim letzten Mal. Mit dem einzigen Unterschied, dass sie diesmal eine echte Heldin ist. Auf sie wartet, was Walter Trumble, ein Freund von ihr, voraussagt: dass Amelia Earhart sich nie mehr in ihrem Leben wie eine ganz normale Bürgerin der Vereinigten Staaten wird durch das Land bewegen können. Er wird Recht behalten. Aber nicht nur in ihrem Leben werden sich die Relationen verschieben, auch zwischen G. P. und ihr stehen neue Zeiten ins Haus. Er ahnt es, auch wenn sie seine Begleitung für die Heimkehr in die Staaten wünscht.

New York erwartet sie mit großem Getöse. Sündhaft teuer

sind die Gelder, die Oberbürgermeister James J. Walker dafür vorgesehen hat. Sündhaft, in einer Zeit der Massenarbeitslosigkeit. Amelia hat von unterwegs aus versucht, auf Walker Einfluss zu nehmen und ihn zu überzeugen, dass man auf den ganzen Siegesrummel verzichten könne. Er solle die Gelder einsetzen, um Arbeitslose zu unterstützen. Walker lehnte ab, denn Amelia Earhart ist ein Symbol. Sie steht für das Neue, die Zukunft, die Überwindung der Krise. Der 20. Juni 1932 ist ihr Tag. New York und die Staaten liegen Amelia Earhart zu Füßen.

Den nächsten Termin beansprucht der amerikanische Präsident. Am folgenden Tag schon fährt sie nach Washington, um von Hoover empfangen zu werden. Er wird ihr am Abend die Goldmedaille der National Geographic Society überreichen, die Gilbert H. Grosvenor, der Präsident der Gesellschaft, für sie vorgesehen hat. Eine der letzten publicitywirksamen Handlungen, die Hoover vollzieht, bevor Roosevelt die Präsidentschaftswahlen gewinnt. Jetzt, am Vormittag, posieren beide, Amelia und Hoover, vor der Presse. Anschließend Lunch bei der Society und Empfang bei Washingtons Staatssekretären. Abends noch einmal Fahrt zum Weißen Haus.

Hoover gibt ihr zu Ehren ein Dinner. Manchen Chronisten zufolge soll G. P. die Abendveranstaltung als ewig gestrig und typisch viktorianisch abqualifiziert haben. Auch Hoover soll wenig begeistert von ihrem Ehemann gewesen sein. Kein Wunder, denn G. P. hat gerade ein Buch veröffentlicht, in dem er Hoover und seine Partei, die Republikaner, einer heftigen Kritik unterzieht; und das im Jahr der Präsidentschaftswahl! Nach dem Dinner Wechsel zur Constitution Hall, wo Hoover ihr vor handverlesenem Publikum die Goldmedaille der National Geographic Society, die traditionsgemäß durch den Präsidenten der Vereinigten Staaten übergeben wird, reicht. Sie ist die erste Frau und der fünfzehnte Mensch der Vereinigten Staaten, der diese Medaille erhält. Ihre Rede, in der sie noch einmal die Gründe für ihren Flug darlegt – »For the fun of it« – wird von der NBC live übertragen. Für den Präsidenten und Amelia ist es ein großartiger Tag.

Amelia Earhart betritt in all diesen Tagen und Stunden der überwältigenden Ehrungen, Auszeichnungen und großen Empfänge, zu denen sie in den bedeutendsten Städten der Vereinigten Staaten von Clubs und Gesellschaften geladen wird, neue Foren, die sich ihr bereitwillig öffnen. Ehrenbürgerschaften und Stadtschlüssel werden ihr überreicht. »For the fun of it« ist sie geflogen. Die neuen Foren bieten ihr aber auch erstmals die Möglichkeit, ihre frauenrechtlichen und pazifistischen Überzeugungen stärker in die Öffentlichkeit zu tragen, was sie künftig gehörig nutzt. Sie geht ein und aus im Weißen Haus; Eleanor Roosevelt, die Frau des künftigen Präsidenten Franklin D. Roosevelt, wird ihre wichtigste Freundin.

Drei Monate nachdem sie vom Präsidenten die Goldmedaille erhalten hat, überreicht sie Hoover eine Petition, in der die Gleichberechtigung der Frauen als eine in die Verfassung einzugehende Rechtsnorm gefordert wird. Hoover solle sich einsetzen und auf die Änderung der Verfassung hinwirken. Nichts spreche dafür, den Frauen die Gleichheit länger zu verweigern.

Sie zögert auch nicht, sich für den Frieden in der Welt stark zu machen. Als Roosevelt im März 1933 ins Amt einzieht, hat auch dieser eine Petition auf dem Tisch. Die Frauenliga für Frieden und Freiheit fordert den neuen Präsidenten auf, die militärischen Ausgaben zu kürzen und die übermäßigen Gelder, die bisher in den militärischen Apparat geflossen seien, für die Bekämpfung der Arbeitslosigkeit einzusetzen. Amelia hat die Petition unterschrieben, die sie Roosevelt persönlich überbringt. Als nächstes präsentiert sie Washington ein Schreiben, in dem das amerikanische Frauenkomitee sich für die Anerkennung der Sowjetunion, Amerikas ideologischen

Das Präsidentenehepaar Roosevelt. Eleanor Roosevelt wurde zur wichtigsten Freundin Amelias und lernte sogar heimlich fliegen. Ihr Mann verbot es ihr, obwohl er sich öffentlich für die Emanzipation der Frauen aussprach. Ihm war wie vielen anderen Männern das Flugzeug als neues Verkehrsmittel und erst recht mit seiner Frau im Cockpit unheimlich.
(Foto: ap, Frankfurt am Main)

Erzfeindes, ausspricht. Auch diese Petition trägt die Unterschrift von Amelia Earhart.

G. P. nutzt weiterhin die Berühmtheit seiner Frau, die sich bestens für Imagecampagnen, für neue Stunts, Buchveröffentlichungen und Lesungen eignet. Wenn er Zeitungsartikel verfasst, dann schreibt er über Amelia, die ungewöhnliche Dinge tut, etwa mit dem Fallschirm in New Jersey von einem 115 Fuß hohen Turm springt, auf Partys die Lieblinge der amerikanischen Gesellschaft trifft, brisante Themen aufgreift. Oder über Eleanor Roosevelt, die in einer ihrer wöchentlichen Radiosendungen gestanden hat, dass Amelia eine ihrer wenigen Freunde ist, die für sie eine wirkliche Quelle der Inspiration sei. Dann ist sicher, dass die Sääle bei ihrer nächsten Vortragstournee gefüllt sind.

»The Fun of it« platziert sich wie ihr erstes Buch vor vier Jahren als Bestseller. Und sie hört nicht auf, immer wieder zu betonen, die Frauen hätten mehr zu bieten als ihren Körper und eine gute Ehe lasse sich darauf allein nicht gründen. Die Frauen müssten sich mit ihren Köpfen und Taten den notwendigen Respekt verschaffen. Äußerungen, die ihr natürlich nicht nur viel Zuspruch, sondern auch Ablehnung einbringen. Besonders bei denen, die mit dem Sexappeal der amerikanischen Frauen ihr Geld verdienen.

Amelia weiß ihr Publikum immer wieder mit neuen Taten zu überraschen. Im Jahr nach ihrem Soloflug ruft sie zum Beispiel in Neuengland die Boston–Maine Airways ins Leben, die im Gegensatz zur Ludington Line die Wirren der Weltwirtschaftskrise überlebt und heute Tochter der Delta Air Lines ist.

Amelia Earhart ist ein Symbol, eine Gallionsfigur. Und tatsächlich wird bald sein, was Walter Trumble voraussagte. Als Prominente, die jedem Amerikaner bekannt ist, kann sie nie mehr unbehelligt die Straßen entlangflanieren. Auch wird sie nie mehr unbeobachtet ins Flugzeug steigen. Von nun an wer-

den die Kameras noch erbarmungsloser die Blicke auf ihr fliegerisches Können richten.

Und gleich im Jahr nach ihrem Soloflug über den Atlantik
setzt sie noch während ihrer Tournee durch die Staaten neue
inneramerikanische Rekorde. Sie hat Maßstäbe gesetzt, die
beizubehalten von Tag zu Tag gnadenloser werden wird. Amelia ist zum Erfolg verurteilt.

9. Kapitel

Der Pazifikcoup

Profilierte Rekordbrecher müssen, um dauer-
haft im Geschäft zu bleiben, immer kühnere Stunts fliegen.
Eine Gesetzmäßigkeit, die auch Amelia Earhart zur Kenntnis
nehmen muss. Nach ihrem Soloflug über den Atlantik und
ihrem innerkontinentalen Crossing im folgenden Jahr, 1933,
bei dem es ihr gelingt, ihren Geschwindigkeitsrekord von
1930 zu überbieten, wird die Luft, in der sie sich bewegt,
dünn. Sie ist gezwungen, aufsehenerregende Zwischenfälle
einzubauen, sonst ist die Spannung des Publikums keineswegs dauerhaft garantiert.
Mittlerweile werden viele Strecken von den großen Flugge-
sellschaften bedient, die seit Lindberghs Atlantiküberquerung
wie Pilze aus dem Boden schossen. Es gibt weltweit auch
kaum mehr eine Route, die noch nicht von Männern erobert
worden wäre. Oder grandiose Rekordmarken, die noch zu

erfinden wären. Bereits 1928 sind die Australier Kingsford Smith und Charles Ulm über den Pazifik geflogen, 1932 bezwang Lindbergh die Strecke von Mexico-City nach Washington, und 1929 startete sogar der erste Zeppelin erfolgreich zum Flug um die Welt. Wiley Post, ein guter Freund Amelias, ist der Weltflug gleich zweimal gelungen, 1931 und 1933. Und Amy Johnson flog im selben Jahr allein von Großbritannien nach Australien. Alle Zeichen sprechen dafür, dass Mitte der dreißiger Jahre die hohe Zeit der Flugpioniere, die mit kühnen Stunts weltweit die Frauen in die Ohnmacht trieben und den Männern die Hüte von den Köpfen rissen, vorbeigeht.

Amelia entscheidet sich 1934 trotzdem zu einem weiteren Stunt. Über den Pazifik. Sie bleibt damit ihrem Denken treu, das ihr sagt, Frauen sollten alles tun, was die Männer bereits getan haben. Kingsford Smith und Ulm wählten bei ihrem Pazifikflug von Amerika nach Australien als erste Etappe die Strecke von San Francisco nach Hawaii, so dass sie beschließt, die umgekehrte Route von Hawaii nach San Francisco zu nehmen. Also doch nicht bloß hinterherhecheln, sondern eigene Marken setzen! Außerdem haben bei dem Versuch, den Pazifik zu überfliegen, bisher nicht weniger als zehn männliche Piloten ihr Leben gelassen! Und allein ist niemand auf dieser Route unterwegs gewesen! Schon gar nicht ohne Navigator. Zuletzt flogen im Januar 1934 sechs Flugzeuge der Marine im Verband von Kalifornien nach Hawaii. Grund genug, der Welt erneut zu zeigen, dass Frauen siegen können. Sie muss sich allerdings beeilen, denn Pan American Airways plant, 1935 die Strecke von Kalifornien nach Hawaii in den Postflugservice aufzunehmen. Wenn sie PanAm nicht zuvorkommt, wäre es sinnlos, noch an den Start zu gehen.

Amelia muss aus noch anderen Gründen einen solchen Langstreckenflug wählen. Sie braucht immer wieder die extreme Herausforderung. Rekordbrechen wird zur Leidenschaft. Wer die Langstreckenflüge beherrscht, wird nie mehr davon lassen. Und sie muss erneut für Schlagzeilen sorgen, denn sie benötigt wie immer Geld. Der Kreislauf aus Job, Geld und Fliegen ist geblieben. Nur die Ausgaben sind höher geworden. Sie ist und bleibt die Ernährerin ihrer Familie, und jeder neue Rekord erfordert eine neue Maschine, die wiederum Geld oder Sponsoren voraussetzt.

Was sie gemeinsam mit ihrem Mann verdient, fließt alles in Ausgaben für das notwendige fliegerische Equipment, für Werbezwecke, für Präsentationen, fürs Weiterfliegen und Weiterverdienen und für die Verwirklichung ihres sozialen Ehrgeizes. G. P. beklagt seine liebe Not mit dem Geld gegenüber Paul Mantz, der für die Flugtauglichkeit ihrer aktuellen Maschine zuständig ist. Sie könnten nicht darauf verzichten, auf die Geldquellen ein Auge zu werfen: »After all, record flying is terrible expensive and we have to accept legitimate returns where we can get them.«

Seit einiger Zeit schon befindet Amelia die Westküste als geeignetes Refugium für ihr persönliches Glück. Im sonnigen Kalifornien, gesteht sie ihrem Mann, fühle sie sich wohler als an der Ostküste. Sie hasse mittlerweile die kalten Wintermonate in Neuengland, und auch New York habe ihr nicht wirklich etwas zu sagen. Es scheint ganz so, als sehne sie sich zurück nach Kalifornien, wo sie vor vierzehn Jahren zum ersten Mal die Freiheit über den Wolken fühlte. Amelia Earhart mietet kurzerhand im Herbst 1934 vor den Toren Hollywoods ein Haus, in dem sie den Winter verbringt. Die doppelte Haushaltsführung verschlingt viel Geld. Aber allein schon die Unterhaltung von G. P.s luxuriöser Landhausvilla außerhalb New Yorks, in Rye, die Amelia in den letzten Jahren trotz ihrer Lage an der Ostküste lieben lernte, schlägt heftig zu Buche.

Und dann passiert noch das Unglück: Am 27. November 1934 steht die Villa in Flammen. Amelia hält sich in Kalifornien auf als das Feuer ausbricht, und auch G. P. ist an besagtem Abend außer Haus, so dass die Brandkatastrophe zu spät bemerkt wird. Binnen einer Stunde ist ein Teil des Anwesens völlig zerstört. Das Esszimmer mit seiner wertvollen Einrichtung gleicht einem Trümmerfeld, der Treppenaufgang und das Geländer, beide aus edlen Hölzern gefertigt, ragen kohlrabenschwarz und gespenstisch aus verkohlten Steinen hervor. Über allem ein beißender Geruch aus erloschenen Flammen und verkohltem Mobiliar. Die seltenen blauen chinesischen Kacheln im Entrée, die G. P.s Freund Andrews von einer Chinareise mitgebracht hat, sind alle zerborsten, ein Zustand, den G. P. so niederschmetternd findet, dass er den Tränen nahe ist. Alles ist zerstört, bloß weil der Verwalter vergessen hatte, den Ofen auszuschalten, der unter einem leeren Boiler seinen Platz hatte. Irgendwann im Verlauf der Nacht entzündeten sich wohl an dieser Stelle die Flammen.

Die Versicherungen schätzen den entstandenen Schaden auf 30 000 Dollar. Ganz zu schweigen von den Schäden, die nicht mehr zu ersetzen sind. Darunter einige wertvolle frühe Bilder von Norman Rockwell. Amelia, die sofort nach Rye aufbricht, als sie von G. P. die entsetzliche Nachricht erfährt, beklagt als größten persönlichen Verlust einige selbst geschriebene Gedichte, die sie im Sekretär aufbewahrte. Jenseits der ersten nüchternen Beherrschtheit, mit der sie das verkohlte Haus besichtigt, ist auch sie schockiert von dem Bild der Verwüstung, das sich ihr bietet. Wie sehr liebte sie das Wohnzimmer mit seinem großen Panoramafenster, die vielen Gästezimmer, die es erlaubten, ein offenes und lebendiges Haus zu pflegen, den Garten an heißen Sommertagen. Nie mehr wird sie sich hier so wunderbar bei der Gartenarbeit erholen, sinniert sie, als sie zusammen mit G. P. durch das verkohlte Anwesen streift.

Doch G. P. beschließt bald, die Villa vollständig wiederherstellen zu lassen, obwohl Amelia bereits ein Haus in Kalifornien angemietet hat und er sich nicht sicher ist, ob sie jemals wirklich wieder nach Rye zurückkehren wird. Sie ist nicht geschaffen für die lebenslange Verwurzelung in einem Heim, das weiß er nur zu gut. Eine wie sie wird immer auf der Flucht sein wollen. Manchmal sogar vor sich selbst. Bisweilen auch vor ihm.

Im Herbst des Jahres 1934, als dieser Brand sich ereignet, hat Amelia schon wieder ganz andere Dinge im Kopf. Es werden die ersten Meldungen laut, die Earhart plane einen neuen Langstreckenrekord. Die Presse hegt wilde Spekulationen, die sich um die Route ranken. Sie plane, von Brasilien nach Afrika zu fliegen, heißt es. Von anderer Seite wird gemutmaßt, dass sie von San Francisco nach Hawaii durchstarten wolle.

Ob die Meldungen lanciert oder frei erfunden sind, ist unklar. Zumindest die Route San Francisco–Hawaii/Honolulu liegt für jeden, der sich in Spekulationen verfängt, auf der Hand. Immerhin tourt sie zum Zeitpunkt der ersten Verlautbarung in Kalifornien herum. Und exakt diese Route wählten Kingsford Smith und Ulm vor sechs Jahren als Etappenziel auf ihrem Flug nach Australien. Weiter heißt es, das Vorhaben werde von einer Gruppe hawaiischer Geschäftsleute gesponsert. Von zehntausend Dollar ist die Rede. Amelia Earhart dementiert die Meldungen sofort. Denn das gehört zum Spiel. Der Presse erklärt sie, sie befände sich momentan im Urlaub und plane keinen neuen Rekord. Sollten die Meldungen lanciert gewesen sein, dann sind jetzt sämtliche schlafenden Hunde geweckt. Die Story mit den Sponsoren macht die Sache nämlich äußerst interessant.

Hawaii gehört 1934 noch nicht zu den Vereinigten Staaten von Amerika, doch die Insel befindet sich sowohl wirtschaftlich als auch politisch längst in den Händen amerikanischer Geschäftsleute – sie sind die Nachfahren einstiger Einwanderer von Amerikas Ostküste –, die als finanzstarke Großgrundbesitzer von riesigen Ananas- und Zuckerrohrplantagen 1893 die letzte hawaiische Regentin, Queen Liliuokalani, entmachteten und die Republik Hawaii ausriefen. Diese Ananas- und Zuckerbarone handelten mit Amerika zwar ein Freihandelsabkommen aus, das es ihnen erleichterte, ihre Produkte in die Staaten zu exportieren, die Insel an die USA anzugliedern, ist ihnen bisher jedoch nicht gelungen. Ein Anschluss würde den Weg frei machen für noch bessere Geschäfte. Besonders die Zuckerrohrbarone drängen darauf. Ihre Plantagen haben weltweit die höchsten Erträge und die höchste Produktivität. Auf Hawaii kann ganzjährig geerntet werden, so dass die Zuckerfabriken optimal ausgelastet sind. Die »Big Five« könnten weit mehr exportieren, wenn Amerika sie nur ließe. Washington gibt sich in dieser Frage äußerst spröde. Exporte aus Hawaii sind mit einer Quote belegt, und das soll auf jeden Fall so bleiben.

Das Gerücht, hawaiische Geschäftsleute würden Amelia Earharts angepeilten Stunt von Hawaii nach Kalifornien sponsern, ist angesichts der unzulänglichen Exportgeschäfte gar nicht so abwegig, obwohl auch G. P. sofort beteuert, er habe weder mit den Gerüchten noch mit Hawaiis Zuckerbaronen etwas zu tun. Abgesehen davon, plane seine Frau derzeit überhaupt keinen neuen Rekord.

Die Gerüchte erweisen sich als günstig, weil sie Amelia einmal mehr mit dem Hauch des Besonderen umgeben und garantieren, dass sie weiterhin im Gespräch bleibt. Dass muss sie auch, denn PanAm beabsichtigt, ab dem Frühjahr 1935 den Linienverkehr zwischen San Francisco und Honolulu aufzunehmen. Amelia Earhart muss sich also beeilen, wenn sie auf dieser Strecke noch Aufsehen erregen will. Von den Zuckerbaronen spricht seit dem ausgehenden Herbst 1934 jedenfalls jeder, von den Flugabsichten der PanAm hingegen niemand.

Hawaii eignet sich aus noch einem anderen Grund für spektakuläre Auftritte und insbesondere für einen werbewirksamen Flug einer Frau, wie Amelia Earhart sie verkörpert. Seit Jahren ist Hawaii begehrtes Reiseziel der Superreichen von Amerikas Ostküste sowie der Filmstars aus dem kalifornischen Hollywood. Sie pflegen mit riesigen Ozeandampfern anzureisen und schwelgen im Südseezauber unter Palmen am Strand von Waikiki. Waikiki Beach gilt als Inbegriff des Garten Eden. Ganz in Weiß bevölkern die amerikanischen VIPs das elegante Hotel Moana oder das rosafarbene, im maurischen Stil erbaute Royal Hawaiian, wenn sie nicht sogar die kostbarsten Tage des Jahres in der eigenen, millionenschweren Villa am Rande Honolulus verbringen.

Wer aber als Normalsterblicher unter den Folgen der Weltwirtschaftskrise leidet, begnügt sich unterdessen daheim in den Staaten mit den Hollywoodstreifen »Hawaiian Nights« oder »Waikiki Wedding« und taucht für wenige Stunden in die Traumwelten ein, die die einen leben und Hollywood den anderen zu vermitteln weiß. Waikiki Beach am Rande Honolulus eignet sich im amerikanischen Durchschnittswohnzimmer hervorragend als Endstation der Sehnsucht.

Die Geheimnisse des Geldadels mit den Sehnsüchten der Massen zu verbinden, das sind die Axiome, mit denen G. P. seit Jahren erfolgreich wuchert. Die Trauminseln Hawaiis und die die Massen begeisternde Amelia Earhart zusammenzubringen garantiert den publizistischen Erfolg ihres anvisierten neuen Rekordes. Sie braucht diesen Erfolg. Ihre Formeln »Ich will fliegen« und »Ich fliege allein« sind längst zum Fluch mutiert. G. P. schreibt perfekt das Drehbuch für ihren neuen Stunt, mit dem sie der Bürde ihres Erfolges für eine Weile entkommt. Bevor PanAm die Route linienmäßig aufgreift, sind die Schlagzeilen einzig für Amelia Earhart reserviert.

Ihr Mann und Manager schafft es wieder einmal, der Presse sein Katz-und-Maus-Spiel aufzuzwingen. Ob nun G. P. die Zuckerbarone für Amelias Zwecke einspannt oder aber diese sich die missionarische Aura seiner Frau zu Nutze machen wollen – oder ob die Presse ihm sogar einen Schritt voraus ist und aus einem presseinternen Gerücht ein Selbstläufer ent-

Zwei Ikonen in Hosen, die Frauengeschichte schrieben: Amelia und die
Schauspielerin Marlene Dietrich (1933). Zu dieser Zeit wurde Amelia zu
einer der zehn bestgekleideten Frauen der Vereinigten Staaten gewählt.
(Foto: Ullstein Bilderdienst, Berlin)

steht –, bleibt offen. Selbst wenn Letzteres zuträfe, gebührten G. P. die Meriten des Erfolges ebenso wie ihr. Natürlich: Er ist der Entdecker von Amelia Earhart. Er hat sie aufgebaut, Kampagnen ausgeheckt, Geld in sie gesteckt. Aber fliegen, das muss sie allein.

Am 20. Dezember 1934 erhält Amelia Earhart die schmeichelhafte Auszeichnung, eine der zehn bestgekleideten Frauen der Staaten zu sein. Sie trägt Hosen wie sonst nur Marlene Dietrich und Audrey Hepburn, wissen die bunten Blätter zu verbreiten. Vermutlich hat George Palmer Putnam auch dabei seine Hände im Spiel. Zwei Tage später, am 22. Dezember 1934, bucht Amelia, getreu den Geheimnissen der Reichen, den Matson Line's Luxusliner »Lurline« von San Francisco nach Honolulu. Für fünf Personen – und ihre Lockheed Vega 965Y. Wohnen will sie im Royal Hawaiian am Strand von Waikiki.

Mit der Passage nach Honolulu tritt der Pazifikcoup in die entscheidende Phase ein. Als die eingeschworene Truppe von fünf Personen, bestehend aus Amelia Earhart, George Palmer Putnam, dem Ehepaar Myrtle und Paul Mantz sowie dem Techniker Ernest Tissot an Bord geht, weiß außer ihnen niemand so ganz genau, was die Earhart nun tatsächlich im Schilde führt. Offiziell heißt es, sie beabsichtige ihren Urlaub mit Freunden auf Hawaii zu verbringen. Die Mantz' bewohnten ein Haus in Nachbarschaft zu Miss Earharts neuem Heim in Hollywood. Man verstehe sich glänzend und werde die Tage zur Jahreswende in Honolulu verbringen. Bei Chris Holmes, einem Freund von Paul Mantz, der am Strand von Waikiki ein Haus besitze. Die Vega, die sich am hinteren Deck befinde, wo die Tennisplätze sind, habe man einzig an Bord, um während der Urlaubstage über die Inseln zu hüpfen.

Während die Presse noch darüber grübelt, was sie von dieser offiziellen Verlautbarung halten soll, und die eigenwillige Fliegerin bei ihrer Ankunft in Honolulu am 27. Dezember 1934 freundlich willkommen heißt, nehmen die Ereignisse, wie von unsichtbarer Hand gesteuert, ihren perfekten Verlauf. Miss Earhart, G. P. und ihre Freunde, die in Wahrheit die technische Leitung innehaben, mitsamt der Vega sind nicht die Einzigen, die sich an Bord der »Lurline« befinden. Mit ihnen reist ein Stapel Zeitungen, Zeitschriften, Postsäcke. Der Zustelldienst zwischen den Inseln wird noch von Schiffen bedient. Unter allen möglichen Postsendungen aus den Staaten befindet sich auch die neueste Ausgabe von »Editor and Publisher«.

Darin steht geschrieben: Amelia Earhart plane in den nächsten Tagen von Honolulu aus ihren Pazifikflug nach Kalifornien durchzuführen. Der anvisierte Flug sei ein Stunt, gesponsert von der PR-Agentur Pan Pacific Press Bureau, die im Auftrag der Zuckerbosse arbeite und mit Earharts Flug die amerikanische Öffentlichkeit für die hawaiische Frage zu sensibilisieren versuche. Der Autor verweist auf eine vertrauliche Mitteilung, die von Pan Pacific bei »Editor and Publisher« eingegangen sei und ihm als Quelle gedient habe, obwohl sie angeblich nicht an die Öffentlichkeit hätte dringen sollen. Kurz vor dem Flug, schreibt er, gingen die strategischen Arbeiten dahin, Gerüchte in Umlauf zu bringen, derengemäß der Flug bevorstünde. Gleichzeitig solle alles Gesagte sofort dementiert werden, enthüllt der Autor weiter. Auf diese Weise entstehe eine brauchbare Situation fortwährender Spannung mit höchstem Nachrichtenwert. Und der sei notwendig, denn er garantiere die Aufmerksamkeit des Publikums.

Wie nun besagte vertrauliche Meldung von Pan Pacific zu »Editor and Publisher« gelangt ist, bleibt unbeantwortet. Die Story mit den Zuckerbossen wurde dort jedenfalls aufgegriffen und der Öffentlichkeit als Spielball hingeworfen. Amelia Earhart ist wieder in aller Munde. Und G. P. dementiert wie immer sofort. Seine Frau plane keinen Stunt. Für Gerüchte und deren Dementis zeichne er nicht verantwortlich. Und Amelia ergänzt, es stimme zwar, dass sie mit einem Equipment anreise, das sich für Langstreckenflüge eigne, doch daraus einen Stunt abzuleiten sei unsinnig. Sie verbringe mit ihrem Mann George wohlverdiente Ferien. Die Vega habe sie einzig mitgebracht, um während ihres Aufenthalts auf den Inseln mobil zu sein, wie sie bereits mehrfach betont habe. Die Schönheiten Hawaiis lohnten sich, von der Luft aus bewundert zu werden. Sie wolle für jede Art Ausflug gerüstet sein. Nach Kalifornien zu fliegen sei in ihren Plänen nicht enthalten.

Wenn sie solche Absichten hegte, befände sich Paul Mantz sicherlich nicht in ihrer Begleitung. Ein Langstreckenflug dieser Güte erfordere anderes Personal, als sie bei sich habe. Paul Mantz sei zwar ein hervorragender Flieger und guter Techniker, und auch Ernest Tissot verstehe etwas von ihrer Vega, doch sie kämen ausschließlich als Freunde mit auf die Inseln. Paul und seine Frau Myrtle seien Menschen, mit denen sie und George nun einmal gerne zusammen seien.

Ihr Eintreffen in Honolulu verläuft merkwürdig geheimnisvoll. Und ihre Dementis sind keineswegs dazu angetan, die Presse in schläfrige Ferienlaune zu versetzen. Umtriebige Reporter, um deren Absichten G. P. nur zu gut Bescheid weiß, liegen auf der Lauer. Das Spiel geht also weiter. Kaum sind Amelia Earhart und ihre Vega in Honolulu von Bord gegangen, sorgt die »San Francisco News« für den neuen, den erwünschten Wirbel.

Die Kampagne von Pan Pacific sei Teil der Fehde hawaiischer Zuckerbarone mit den verantwortlichen Politikern in Washington, die mit ihrer Quotenregelung die Zuckerexporte in die Staaten künstlich niedrig hielten, heißt es. G. P. habe zehntausend Dollar erhalten, und im Gegenzug gäbe Amelia Earhart ihren Namen für die Interessen Hawaiis, was einschließe, dass sie sich wohlwollend und positiv über die Inseln äußere. Die Kampagne von Pan Pacific solle Washington und der amerikanischen Öffentlichkeit suggerieren, dass Hawaii längst integraler Bestandteil der Vereinigten Staaten sei, auch wenn die Inseln noch nicht den Status hätten, Bundesstaat zu sein. Und wenn sie integraler Bestandteil seien, dann hätten Zuckerquoten in den Beziehungen zwischen Washington und Honolulu nichts zu suchen. Weiter heißt es, Amelia Earhart sei daran interessiert, den Flugverkehr zwischen Amerika und Hawaii zu installieren. Gerade der Postdienst eigne sich hervorragend, den Menschen zu zeigen, dass Hawaii zu den Staaten dazugehöre, sozusagen »Ready for Statehood«. Amelia Earhart äußere sich häufiger in diese Richtung.

Die Berichterstattung der »Editor and Publisher« und der »San Francisco News« zieht weite Kreise. Amelia gerät zunehmend in die öffentliche Diskussion. John Williams, Reporter fürs »Honolulu Star-Bulletin« und verantwortlich für die Enthüllungen in »Editor and Publisher«, hält es sogar für das Beste, Amelia Earhart von ihrem Flug nach Kalifornien abzuhalten, sofern sie wirklich beabsichtigen würde, ohne Navigator mit ihrer an Bord der »Lurline« gesichteten einmotorigen Vega zu fliegen. Sollte sie abstürzen, und nichts sei mit einem solch leichtgewichtigen Flugzeug und allein wahrscheinlicher als das, werde sie Ulms Schicksal wiederholen.

Charles Ulm, der mit Kingsford Smith 1928 erfolgreich den Pazifik überquerte, gilt seit dem 7. Dezember 1934 als verschollen. Er war, aus San Francisco kommend, in Richtung Honolulu unterwegs gewesen, von wo aus er nach Australien weiterfliegen wollte. Den Flughafen von Oakland hat er zwar verlassen, doch in Honolulu ist er bis auf den heutigen Tag nicht angekommen. Ihn zu suchen blieb zwar erfolglos, sei aber teuer gewesen, gibt der Reporter Williams zu bedenken. Was Amelia Earhart vorhabe, werde den Steuerzahler abermals Tausende von Dollars kosten.

Wem bislang nicht klar war, welch enormes Risiko Amelia Earhart eingeht, der ahnt es spätestens jetzt. Und es kommt noch brisanter. Williams recherchiert bei der Luftaufsicht und bringt in Erfahrung, dass für Flüge über den Ozean ein fliegerisches Equipment vorgeschrieben sei, dem die Maschine von Amelia Earhart nicht genüge. Er findet heraus, dass sich die amerikanische Luftaufsicht angesichts der Gerüchte über ihren Pazifikflug beunruhigt zeigt. Auch habe sie keine Kontrolle über Amelia Earhart und ihr Vorhaben. Es gebe aber kein Gesetz, dass es ihr verbiete, zu starten. Wenn Miss Earhart trotzdem fliege, dann einzig aus den bekannten Gründen, dass sie sich und der Welt etwas beweisen wolle. Zu wenig dafür, ereifert sich Willians, dass der Steuerzahler die Zeche möglicherweise bezahlen müsse.

Auch sei es ihm unerklärlich, weshalb die Army ihr überhaupt Wheeler's Field, die Startbahn der Army in Honolulu, für den Flug zur Verfügung stelle und ihre Maschine von Technikern der Armee gecheckt werde. Selbst die Arbeiten an ihrem Radio, die von Experten der Armee durchgeführt worden seien, würden nichts als Fragen aufwerfen, auf die es keine Antworten gebe. Weder Earhart noch Mantz seien befähigt, mit einem solchen Radiosystem, wie sie es an Bord habe, umzugehen. Es sei der pure Wahnsinn, wenn sie an den Start gehe.

Ihre für diesen Flug umgebaute Vega verfüge im Übrigen über eine Treibstoffkapazität von etwa 2 000 Litern Benzin, die bei der rauen Piste am Wheeler Field nur schwer mit einer einmotorigen Maschine nach oben zu bringen seien. Wenn sie es nicht schaffe, stürze sie ins Meer. Der Pazifik sei bereits für zehn erfahrene Piloten zum Grab geworden. Man müsse die Earhart stoppen, fordert Williams öffentlich.

Während die Leser in aller Welt Amelia Earhart als Teufelsweib betrachten, sollen Hawaiis Zuckerbarone angeblich ihre Dollars aus dem Flugprojekt zurückgezogen oder aber Amelia aufgefordert haben, von ihrem Vorhaben abzusehen. Was sie natürlich strikt abgelehnt haben soll. Die Gerüchteküche brodelt, die Spannung ist auf die Spitze getrieben, und G. P. flucht, weil Standard Oil den Liefertermin zum Auftanken der Maschine nicht einhält.

Seine Frau begeistert währenddessen die Jugend Hawaiis, die ihr hingebungsvoll lauscht, als sie eine ihrer üblichen und öffentlichkeitswirksamen Reden hält. In der Farrington Hall, wo alle Plätze bis auf den letzten besetzt sind, spricht sie. Wer weder Steh- noch Sitzplatz ergattern kann, sitzt draußen vor der Tür im Auto und begnügt sich damit, ihre Stimme im Radio zu hören. Wenn auch ihre Auftritte schon immer etwas Mysthisches hatten, so wirkt sie jetzt in Hawaii noch majestätischer als sonst. Sie steht da und alle verstummen. Man könnte im Saal eine Stecknadel fallen hören. Ihre Gesten sind sparsam und wohl überlegt. Mit der Pose der Siegerin, Göttinnen gleich – nach den letzten Enthüllungen der Medien einmal mehr –, versteht sie es, die ihr zu Füßen Liegenden aufs Neue zu verzaubern. Ihre Botschaft steht für die Zukunft, für den Mut und das Risiko – für Hawaii, das Fliegen, die Frauen, und den großen Erfolg im Leben.

Amelia macht sich jetzt rar. Keine weiteren Interviews, kein Bad in der Menge. Sie sucht das Alleinsein, denn der Start steht kurz bevor. Sie weiß, welches Risiko mit ihr Schritt hält, niemals von ihrer Seite weicht, erst recht nicht, wenn sie in ihre Maschine einsteigt.

Amelia darf nicht darüber nachdenken, sonst könnte der Mut sie verlassen. Sie hadert im Stillen mit der Angst. Es ist, als müsse sie sich ambivalenterweise doch mit dem Risiko auseinandersetzen, weil sie nur dann den Steuerknüppel ruhig und sicher in Händen hält. Sie denkt sogar an den Tod, während sie am Strand von Waikiki spazieren geht und ihren Blick auf das Meer und die Brandung richtet. Alle möglichen Gedanken gehen ihr durch den Kopf.

Der letzte Auftritt hat sie eine Menge Kraft gekostet. Und auch G. P.s Kampagnen entsprechen nicht ihrem Geschmack. Sie erträgt sie nur, weil sie weiß, dass sie alles wieder von sich streift, sobald sie in den Himmel hineinfliegt. Sie hat ihn geheiratet, weil er sie niemals daran hindern würde, zu flie-

gen; weil er sie niemals »runterzog«, wie sie das sprichwört-
lich nennt, wenn die Frauen nach der Eheschließung nur
mehr hinter dem Kochtopf stehen. Amelia greift mit den Händen durch ihr Haar und zieht sich ins Hotel zurück. Sie will
versuchen, einige Stunden zu schlafen. Der Pazifikcoup ist
nicht nur genial, er ist auch voller Risiken, das weiß sie. Reporter Williams hat Recht, sie beherrscht den Umgang mit ihrem
neuen Radiosystem, das ihr für die Navigation zur Verfügung
steht, nicht wirklich. Und die Wetterverhältnisse sind alles
andere als gut.

G. P. glaubt um den 11. Januar des neuen Jahres 1935, es ist
ein Freitag, dass Amelia nicht mehr länger warten könne,
obwohl es heftig regnet. Es sei am besten, freitags zu starten,
denn wenn sie freitags abhebe, werde sie samstags landen,
und die Zeitungen könnten ihre Story auf die erste Seite dieser
auflagenstarken Ausgabe bringen. Im Augenblick sind die
Titelseiten voll mit der Bruno-Richard-Hauptmann-Geschich-
te, verhaftet wegen des Verdachts, das »Jahrhundertverbre-
chen« begangen zu haben. Der Tod des Lindbergh-Babys wird
ihm zur Last gelegt. Im Januar 1935 sieht die ganze Welt auf
das Gericht in Flemington, New Jersey, wo ihm der Prozess
gemacht werden soll. Sie müsse jetzt fliegen, schon wegen der
passenden Schlagzeilen. Auch wenn »Lady Lindy« längst Vergangenheit sei. Das Gedächtnis des Publikums sei in solchen
Dingen gut, und das müsse man nutzen.

Amelia Earhart startet tatsächlich am Freitag, dem 11. Februar
1935. Etwa einhundert Leute stehen entlang der Startbahn
von Wheeler's Field, um zu winken, sobald sie abhebt. Fast
alle Armyoffiziere, Techniker und deren Frauen sind gekommen. Langsam lenkt sie ihre Vega die Piste entlang, gefolgt von
zwei Autos und Ernest Tissot, der neben der Startbahn her-
läuft. Während sie beschleunigt, überfällt sie ein Gefühl der
Unwirklichkeit, wie sie es nie zuvor beim Fliegen erlebte. Sie
fühlt sich wie in Watte gehüllt. Amelia sieht, wie sich die

Schuhe von Ernest mit einer Schlammschicht überziehen, registriert die Details seines Gesichts, bemerkt die aus dem Mundwinkel heraushängende Zigarette und seinen Blick, den sie als düster empfindet, obwohl seine Haut weiß ist wie sein Overall.

G. P. fährt im Auto hinter ihr her. In dem zweiten Wagen sitzen Offiziere der Army. Gegenüber den Hangars nimmt sie drei Feuerwehrautos und einen Ambulanzwagen wahr, startklar für den Notfall. Die Armyleute, so empfindet sie es, stehen bereit, um die Feuerlöscher zu ergreifen, und ihre Frauen zücken die weißen Taschentücher, als stünde ein Abschied für immer bevor.

Amelia jedoch startet durch, erreicht das Ende der völlig auf-geweichten Startbahn und leitet die letzte Phase vor dem Abheben der Maschine ein. Die vollkommen überladene Vega schaukelt heftig hin und her, die Räder scheinen sich in den Schlamm zu bohren, und der Propeller wirft eine Ladung Matsch über den Rumpf, den die Vega unbeeindruckt von sich gleiten lässt. Im nächsten Augenblick reißt Amelia Earhart ihr Flugzeug nach oben. Die Menge am Boden sieht der Maschine und ihrer Pilotin nach, die im grauen, wolkenverhangenen Himmel verschwinden. Sie hat einen Start hingelegt, der sich sehen lassen kann. Rekordverdächtig. Mit einer so kurzen Startphase hat noch keiner von Honolulu abgehoben. Selbst Kingsford Smith nicht.

Amelia Earhart, die in den nächsten Stunden als erste Frau und als erster Mensch allein von Hawaii in die Staaten fliegt, will in Oakland landen, um anschließend weiter nach Washington durchzustarten. Da sie eben nicht bloß die Tat eines Mannes wiederholen will, muss sie mehr bieten als die halbe Strecke über den Pazifik. Sie fliegt die Kombination aus Meer und Land. Der Flug soll als Langstrecke und mögliche Postroute verkauft werden. Wenn sie es schafft, dann kann G. P. schreiben, dass seine Frau PanAm den Weg geebnet hat.

Nach zwei Stunden meldet sich Amelia über ihr Radio in Honolulu, wo George Palmer Putnam angespannt auf ihren Anruf wartet. Sie fliege in einer Höhe von 5 000 Fuß, und der Himmel sei voller Wolken, lässt sie ihn wissen. Und alles sei okay. Tatsächlich ist sie längst nicht so weit vorangekommen, wie sie glaubt. Sie befindet sich auch nicht auf Kurs, doch niemand kann sie korrigieren, weil sie nicht in der Lage ist, ihre Navigationsinstrumente, die nach der neuesten Technik funktionieren, wirklich zu nutzen.

Plötzlich hat sie Probleme mit ihren Augen: Die Abdeckung des Ventilators gerät außer Funktion, so dass ihr seit geraumer Zeit ein stechender Luftstrom brutal ins Gesicht bläst. Sie kämpft zwar gegen die Tränen, die unaufhaltsam durch den kalten Wind verursacht werden, doch das eine Auge schwillt fürchterlich an. Von Zeit zu Zeit meldet sie sich wieder über das Radio, um diverse Okays durchzugeben. Sie werde des Nebels überdrüssig, meldet sie nach Honolulu. Dort versteht man, sie werde müde und hofft, dass sie durchhält. Zum ersten Mal ist selbst G. P. sich nicht sicher, ob sie es schaffen wird. Sechzehn Stunden ist sie unterwegs. Nach wie vor ohne die Gewissheit, ob sie sich auf Kurs befindet. Sie benutzt ihr Radio bloß, um zu sprechen oder Musik zu hören. Alle Arbeiten der Army sind umsonst gewesen. Williams hatte es vorausgesagt. Stattdessen agiert Amelia wie auf früheren Flügen. Sie wechselt ihre Flughöhe, lässt die Maschin nach unten gleiten und fliegt so tief wie möglich über dem Pazifik. Als sie die »S.S.Pierce« der Dollar Line sieht, die im Allgemeinen von San Francisco aus in die offene See sticht, vermutet Amelia, dass sie sich kurz vor dem Ziel befindet. Über ihr Radio nimmt sie Kontakt mit der Schiffscrew auf und bittet, man möge die nächste Küstenstation anpeilen, damit diese ihr den aktuellen Kurs durchgeben könne. Wenige Augenblicke später erfährt Amelia erstmals auf dieser Strecke, wo sie tatsächlich ist. Sie sei halbwegs auf Kurs und befände sich kurz vor der Küste Amerikas, heißt es.

Derweil warten in Oakland Tausende von Menschen auf die kühne Fliegerin. Je länger die Massen dort ausharren, um sie zu sehen, desto größer wird die Spannung. Die Menge giert danach, Amelia anzufassen, mit eigenen Händen zu berühren, als Siegestrophäe auf den Schultern davonzutragen. Eigens aus diesem Grunde sind sie seit Stunden auf dem Fluggelände, um in vorderster Reihe zu stehen, wenn sie eintrifft. Amelia Earhart erreicht Oakland am Samstag, dem 12. Januar 1935 um 13.31 Uhr kalifornischer Ortszeit.

Zwischen Hawaii und Kalifornien beträgt die Zeitdifferenz zweieinhalb Stunden, so dass sie für ihren Flug siebzehn Stunden und sieben Minuten benötigte. Sie ist der erste Mensch, der diese Strecke allein und in einer einmotorigen Maschine bewältigt hat! Und sie ist schneller als die sechs Piloten der Army vor einem Jahr oder Kingsford Smith und Ulm vor sieben Jahren! Die erneute Rekordlerin setzt zur wohlverdienten Landung an.

Im selben Augenblick gerät die Menschenmenge außer Kontrolle. Polizeiabsperrungen werden ohne Rücksicht durchbrochen, Tausende rennen auf die Piste, auf der im nächsten Augenblick die berühmteste Fliegerin der Welt niedergeht. Kaum stehen die Propeller still, wird sie umringt von jubelnden, kreischenden, johlenden Menschen. Sie hat es geschafft, und ihre zweifelnden Kritiker eines Besseren belehrt. Amelia Earhart ist und bleibt ein Star, obwohl manche Stimmen sich erheben und betonen, dass ihre Navigationstüchtigkeit zu wünschen übrig lasse.

Als sie den Motor abschaltet und die Propeller stillstehen, fällt ein junger Mann zu Boden. Ein Student der Berkeley University, über den mehrere Schaulustige hinwegtrampeln. Er wird mit gebrochenem Bein und angeknackstem Ellenbogen von Sanitätern davongetragen, während Amelia Earhart ihr Cockpit öffnet, aussteigt und mit einem riesigen Bouquet wundervollster Rosen empfangen wird, die sie lächelnd entgegennimmt. Sie winkt der Menge zu, die von einem beachtlichen Polizeiaufgebot zurückgedrängt wird. Winkend entschwindet sie in den nahen Hangar, wohin auch die Vega gebracht wird, da man vor Souvenierjägern nie sicher sein könne, wie G. P. ihr immer wieder eingeschärft hat!

Sie sei fürs Erste ganz zufrieden, teilt sie den Reportern mit, die im Hangar von Oakland auf sie warten. Einen Stuhl lehnt sie ab, mit der Bemerkung, dass sie unentwegt gesessen habe. Wenn sie die Wahl hätte zwischen einem heißen Bad oder ihrem wohlverdienten Schlaf, so würde sie sich für das Bad entscheiden, bemerkt Amelia gegenüber der Presse, obwohl sie sich vor Müdigkeit kaum mehr auf den Beinen halten kann. Ob sie sofort nach Chicago oder nach Washington weiterfliege, will ein Journalist wissen. Sie müsse erst die Wettersituation checken, lautet ihre Antwort, und wer sie kennt, merkt dass sie wirklich am Rande ihrer Kräfte ist. Langstreckenflüge gehen an die Substanz, besonders die Nachtstunden, und Amelia Earhart ist nicht mehr die Jüngste. Die Presse zieht auch gleich wieder ab, nachdem die wichtigsten Fragen gestellt und sie ihre routiniert-professionellen Statements lanciert hat.

Unterdessen trifft ein Arzt ein, der sich ihr geschwollenes Auge ansieht. Sie sei körperlich fit, auch wenn sie sich erschöpft fühle, äußert sie. Ihre Kondition sei erstaunlich, meint er. Das Auge komme wieder in Ordnung, wenn sie sich ein wenig Erholung gönne. Von Erholung könne keine Rede sein, betont Amelia und offenbart, dass sie noch im selben Augenblick ihren Bericht abfassen wolle, der für die »North American Newspaper Alliance« anzufertigen sei. Der Report dulde keinen Aufschub. Sie wolle allerdings eine Kleinigkeit essen, auch wenn sie nach der unendlich langen Zeit des Benzin- und Ölgeruchs keinen Appetit verspüre. Spricht es und lässt sich unter Polizeischutz in ein ausgewähltes Hotel geleiten. Hähnchen, Muffins und Buttermilch sind die kulinarischen

Highlights, nach denen Amelia der Sinn steht. Sie telefoniert mit G. P., schreibt ihren Bericht und legt sich ins Bett, die Decke bis zur Nasenspitze gezogen. Helden, das weiß sie einmal mehr, sind einsam. Sie ist immer noch – und wird es auch bleiben: »The girl in brown who walks alone.« Nur doppelt so alt wie damals, als sie noch zur Schule ging.

Frühmorgens ist Amelia wieder auf den Beinen. Der Schlaf nach Langstreckenflügen ist immer oberflächlich und wenig erholsam. Entgegen den ärztlichen Empfehlungen vom Vortag schenkt sie ihrem lädierten Auge keine weitere Beachtung. Die Schwellung ist zurückgegangen, und das reiche, meint sie. Wenigstens sieht sie nicht aus wie ein Monster, sind ihre Gedanken, als sie in den Spiegel blickt. Sehr wohl nimmt sie aber die Fältchen um ihre Augen wahr, die in letzter Zeit nicht mehr zu übersehen sind. »Rekorde statt Kosmetik« fällt ihr als Gegenmaßnahme ein – sie greift nach ihrer Jacke und fährt wieder zum Flughafen.

Oakland liegt unter einer dicken Wolkendecke. So, wie es aussieht, ist an einen Weiterflug nach Washington nicht zu denken. Für den mittleren Westen sind heftige Stürme vorausgesagt. Da ihr Langstreckenflug Honolulu–Washington ausschließlich mit einem Zwischenstopp von einer Nacht akzeptabel ist, entscheidet sie sich für einen Start nach Los Angeles, obwohl das Wetter eigentlich keinen Flug zulässt. In L. A. will sie weitersehen, gemäß den Meldungen der Meteorologen vor Ort.

Amelia steuert ihre Vega über die Piste, beschleunigt und bleibt mit den Reifen im Schlamm stecken. Ein Traktor wird geordert, um das Flugzeug, das bis über die Radkappen im Morast festsitzt, herauszuziehen. Beim zweiten Anlauf auf einer anderen Startbahn gelingt es ihr, die Maschine hochzuziehen. Die kurze Strecke von Oakland nach L. A. legt sie schnell zurück. Ein Katzensprung nach allem, was sie hinter sich hat. Doch auch in Los Angeles erwartet sie ein Tief. Die

Meteorologen halten an ihren Sturmwarnungen fest. In Arizona tobe einer schwerer Blizzard.

Es wäre unsinnig, weiterzufliegen, befindet sie gegenüber Reportern in ihrem Haus am Rande von L. A., wohin sie aufbricht, nachdem sie vor dem Wetter kapituliert. Amy ist dort, seit Tagen von Reportern belagert, weshalb Amelia auch nicht gleich vom Flughafen den Weg dorthin nimmt. Niemand weiß, wo sie sich in den Stunden zwischen Verlassen des Flughafens und Eintreffen in ihrem Haus aufhält. Der Presse erklärt sie, dass sie ihren Flug abbrechen wolle, weil es unsinnig sei, nach diesen Tagen des Wartens – und alles sehe danach aus, als müsse man sich noch einige Zeit gedulden –, der Welt zu zeigen, wie leicht es sei, die hawaiischen Interessen mit denen der Staaten verkehrstechnisch zu verbinden. Der Flug im Interesse der Zuckerbarone endet in L. A. Ein Triumph ist er trotzdem.

Washingtons Politgrößen lassen es sich, ungeachtet des nicht erreichten Zielpunktes, nicht nehmen, Amelia Earharts Flug als weiteren Sieg der Frauen im Kampf um die Gleichberechtigung zu feiern. Eine grandiose Leistung! Bravo! Während Eleanor Roosevelt ihr telegraphiert, wie froh sie sei, die Freundin gesund und sicher daheim zu wissen, wählt der Präsident gewichtige Worte. Sie habe wieder einen Sieg für die Sache der Frauen errungen und jedem ungläubigen Thomas gezeigt, dass das Fliegen keine Disziplin ist, die alleine Männern vorbehalten sei. Sobald sie in Washington eintreffe, werde sie gemeinsam mit ihrem Mann im Weißen Haus erwartet. Sie sei eine »Pfadfinderin«, vergleichbar den einstigen Pionieren Amerikas, die westwärts strebten. Schritt für Schritt den Männern ebenbürtig.

Rex Martin vom »Bureau of Air Commerce« fordert sie auf, ihm Vorschläge für die offiziellen Feierlichkeiten zu unterbreiten. Und in Oakland lässt es sich Altpräsident Hoover nicht nehmen, gemeinsam mit seiner Frau, dem Gouverneur von

Kalifornien, Frank Merriman, und dem Präsidenten der Stanford University, Lyman Wilbur, die Rekordlady zum Dinner zu bitten. Ob Demokraten oder Republikaner: Die Politik schmückt sich gern mit Amelias Federn. G. P. kann sich auf die Schultern klopfen.

Die Zeitungen jedoch sind nicht uneingeschränkt angefüllt mit reinen Lobeshymnen. »The Aeroplane«, eine britische Wochenzeitschrift, kommentiert Amelias neuesten Rekord mit: »A Useless Adventure«. Weshalb wage diese attraktive Frau solche absurden Abenteuer? Die Antwort, meint der Autor als Mann und Macho, liege wohl einzig in der Langeweile, dieser gefährlichen Nebenwirkung der modernen Zeit. Und der australische Pazifikbezwinger Kingsford Smith nennt es einen Wahnsinn, mit einer einmotorigen Maschine über den Pazifik zu fliegen. Jeden Mann, der das täte, hielte man für einen Narren. Die Dame müsse es sich also gefallen lassen, als Närrin bezeichnet zu werden. Er selbst habe für solche Strecken einen Navigator an Bord. Das sei das Mindeste, was man bräuchte.

Selbst die amerikanische Presse überlässt Amelia Earhart nicht kritiklos die Titelseite. Sie nimmt die Enthüllungen wieder auf, die den Flug von Anfang an begleiteten. Der Ton ist allgemein harsch. G. P. steht im Zentrum des Unmuts der Journalisten. Und auch Amelia muss es sich bieten lassen, als Galionsfigur von wirtschaftlichen Interessen bezeichnet zu werden. Wegen ihrer Äußerungen in Bezug auf Hawaii und den Status der Insel, den man fortschreiben müsse.

Die schärfste Kritik bringt »The Nation Magazine«. Leslie Ford, so das Pseudonym der unbekannten Autorin, weiß zu berichten, der eigentliche Initiator der Kampagne sei die PR-Agentur Bowman, Deute, Commings Inc., die wiederum Pan Pacific Press Bureau ins Spiel gebracht habe. Zu deren Kunden gehörten nicht nur die »Hawaiian Sugar Planters Association«, sondern auch die »Matson Line«, das »Hawaii Tourist

Bureau« und die »Hawaiian Pineapple Company«. Wenn eine Frau wie Amelia Earhart, die höchste öffentliche Aufmerksamkeit genießt, einen solchen Flug absolviere, dann habe dieser per se Sensationswirkung mit höchstem Nachrichtenwert. Die Titelseiten der schreibenden Zunft seien ihr damit sicher. Mit aller Publicity, die sich als Rattenschwanz anschlösse und die man von der Earhart gewohnt sei. Interviews, Livesendungen, Vorträge, Buchveröffentlichungen und so weiter und so weiter. Dagegen sei nichts einzuwenden. Eine solche Öffentlichkeit zu produzieren sei ihr legitimes Recht.

Die Propaganda für Hawaii und ihr Statement gegen die Zuckerquote allerdings nicht. Nur aus diesem Grund hätten der »Honolulu Star Bulletin« und die »San Francisco News« Amelia Earhart dazu aufgerufen, von ihrer Flugabsicht zurückzutreten. Weil sie gewusst hätten, dass der Flug als reiner »Publicity Stunt« geplant gewesen sei. Kein Wunder, dass der Publizist Bowman und G. P. am nervösesten von allen während des Fluges gewesen seien. Sie hätten die ganze Geschichte eingefädelt. Auf sie ziele die Kritik. Doch sie hätten Glück gehabt. Man wisse ja, dass Amelia Earhart vorrangig am Fliegen interessiert sei. Einzig aus Achtung davor seien die Medien in ihrer Berichterstattung der letzten Tage weitestgehend über die Geschichte hinweggegangen. Ohne sie zu vertiefen, obwohl sie die Wahrheit kennen würden. Die Earhart mache sich allerdings verdächtig mit ihren Äußerungen, die als hawaiische Propaganda zu werten sei.

Propaganda hin oder her: Der Pazifikcoup befördert Amelia Earhart auf die nächste Stufe ihres fliegerischen Aufstiegs. Hin zu den Höhen, in denen die Luft sehr dünn wird. Wo es ohne Sauerstoffgerät kein Überleben gibt. Sie ist und bleibt ein Liebling der Nation. Trotz – oder gerade wegen – der Kritik. Niemand weiß so gut wie G. P., dass solche Geschichten ihre Wirkung zeigen, den Marktwert steigern und noch mehr Geld einspielen. Die Kritik, die ihn treffen soll, interessiert ihn wenig, lässt ihn kalt. Und auch Amelia ist keine, die sich davon beeindrucken lässt. Der neuerliche Erfolg gibt beiden Recht. Der Schuh des Erfolgs, den Amelia sich seit dem Soloflug über den Atlantik vor drei Jahren angezogen hat, drückt zwar weiter, doch im Januar 1935 sitzt er erst mal locker. Zum Ausruhen bleibt ihr dennoch keine Zeit. G. P. plant bereits den nächsten Stunt.

Sie fliegt noch im selben Jahr von Burbank/Kalifornien nach Mexico-City und von dort nonstop über den Golf von Mexiko nach Newark/New Jersey. Im April schon bricht sie auf und am 8. Mai erst fliegt sie in die Staaten zurück. Der Flug wird begleitet von einer Menge Kuriositäten. Es gibt eine Briefmarkensonderausgabe, Aktionen zur Promotion Mexikos als Touristenattraktion und sogar den Versuch, den mexikanischen Präsidenten Lazaro Cardenas zu überreden, für Amelias Rückflug eine provisorische Startbahn über den Lake Texcoco bauen zu lassen, obwohl sie ohne Probleme die offizielle Piste von Pan American Airways nutzen könnte. G. P. konnte Cardenas leicht überreden. Amelias Start verläuft so weitaus gefährlicher, garantiert aber Schlagzeilen.

Wieder bricht sie einen Rekord der Männer. Sie ist schneller als Charles Lindbergh, der 1932 mit seiner »Spirit of St. Louis« vierzehn Stunden für diese Strecke brauchte. Amelia legte sie in dreizehn Stunden und sechs Minuten zurück. Sie wird mehr als je zuvor für ihre Kühnheit und ihre Leistungen bewundert. G. P. allerdings hat nun endgültig Probleme mit der Presse. Sie ist ihm ganz und gar nicht mehr gewogen. Er benutzte Amelia zu offensichtlich. Und auch Amelia entzieht sich ihm immer mehr.

Eugene Vidal, seit 1933 Direktor von Air Commerce, einer Unterabteilung des Handelsministeriums in Washington, D.C., ist neuerdings der Mann, der häufig in ihrer Begleitung gesehen wird. Als sie Washington überfliegt, begrüßt nicht G. P. seine Frau übers Radio, sondern Vidal. »You have done a splendid job, so come down«, und sie erwidert: »Thanks for the invitation. I'm going through.« Wenige Augenblicke später erscheint sie im dröhnenden Flugzeug über Newark/New Jersey und setzt zur Landung an. Vidal lässt ihr eine Ehrung von offizieller Seite zukommen. Er lässt ihr ein Telegramm schicken, in dem er ihre umfassenden Kenntnisse über Flugzeuge preist und ihre navigatorischen Fähigkeiten bei Überlandflügen lobt. Vidal sollte sich irren. Bei ihrem letzten großen Stunt würde ihr Mut größer ausfallen.

10. Kapitel

Nur einmal noch

Nach den Aufsehen erregenden Flügen über den Pazifik sowie den Golf von Mexiko wächst in Amelia Earhart immer stärker der Wunsch heran, das Äußerste zu wagen. Sie will um die Welt fliegen. Sie setzt sich, das Ziel fest im Auge, unter größten Erfolgsdruck. Dieser Flug, es soll ihr letzter sein, denn danach will sie aufhören, soll sie auf den Zenit katapultieren. Niemand kann sie aufhalten. Amelia spürt ganz tief in sich, dass sie dieses eine Wagnis noch bestehen muss.

Die schwierigen Jahre ihrer Jugend, in denen sie die Wohnorte wie ihre Wäsche wechselte und sogar in Ziellosigkeit abzudriften drohte, dabei jedoch gedanklich die drei Säulen ihres Lebens zu entwickeln begann: Wahrnehmen sozialer Pflichten gegenüber den Schwachen der Gesellschaft, Eintreten für die Rechte der Frauen und Sicherstellen ihrer persönlichen Unabhängigkeit – haben dieses Muss heraufbeschworen. Edwins Alkoholprobleme, die damals auftraten, Amys dauernde Geldnöte und die Scheidung ihrer Eltern begründetetn vor vielen Jahren ihren Drang, ganz frei sein zu wollen. Die Freiheit aber erlebt sie nur, wenn sie fliegt. Das Fliegen hat, so betrachtet, schon früh eine wichtige Funktion erfüllt. Es verschaffte ihr das Gefühl der Machbarkeit, der Beherrschbarkeit der Dinge. Daraus entwickelte sich eine Eigendynamik, die zwingend ist: schneller, höher, weiter. Bis zum bitteren Ende. Wobei sie jetzt davon träumt, dass das Ende süß sein und in Hollywood liegen möge. Sie kann sich allerdings erst zur Ruhe setzen, wenn sie es gewagt hat, die Welt zu umrunden. Im Spätsommer des Jahres 1935 kreisen Amelias Gedanken unaufhörlich um diesen letzten großen Stunt.

G. P.s neuer Job – er ist leitender Intendant bei den Paramount-Pictures-Studios in Hollywood geworden – macht seine Anwesenheit dort häufiger notwendig, als er anfangs dachte, so dass er sein Landhaus in Rye vermieten will. Die Putnams beabsichtigen jetzt, das von Amelia 1934 angemietete Anwesen in Hollywood zu erwerben. Im Valley Spring Lane, in der Toluca Lake Area, nördlich von Hollywood, liegt das Haus mit viel Land drumherum, das sie nun selbst besitzen wollen. Nach seinen und ihren Plänen soll alles bald einer aufwändigen Umgestaltung unterzogen und das Haus in eine Prachtvilla verwandelt werden. Endgültig nun soll ihre künftige Heimat die West- statt die Ostküste sein. Keine doppelte Haushaltsführung also mehr. Und nur dieser eine letzte große Flug noch. Sie weiß, dass die Entwicklung der Luftfahrt so rasant voranschreitet, dass sie sich beeilen muss, dieses Abenteuer zu bestehen. Jetzt oder nie. Sonst ist es zu spät.

Viele ihrer Freunde sind skeptisch. Sie halten das Wagnis für zu groß. Auch G. P. äußert Bedenken. Aber er kann Amelia nicht aufhalten. Sie hat ihn schließlich geheiratet, weil er versprochen hatte, dass er sie niemals daran hindern würde,

zu fliegen. Vielleicht aber auch, weil er ganz einfach nur hartnäckig war? Kritische Stimmen behaupten später sogar, sie
habe ihn nicht wirklich geliebt. Sie habe außer ihren Flugzeugen und dem Fliegen nichts und niemanden geliebt. Dabei ist
Amelia Earhart eine Frau, die zu lieben versteht. Die Menschheit an sich, was sie mit ihren pazifistischen Äußerungen nie
unterlässt zu betonen. Aber einen Mann? Die Grenzgängerin
ist mittlerweile um die vierzig, und nichts ist ihr wichtiger als
der Weltrekord. Sie will es um jeden Preis und auf alle Fälle
noch einmal wissen.

Die Welt zu umfliegen ist allerdings extrem teuer. Geradezu
unbezahlbar. Sie benötigt eine schwere Maschine. Mindestens
zweimotorig muss ein Flugzeug sein, um damit die Welt
umkreisen zu können. Dazu kommt modernstes technisches
Equipment. Und als nicht so gute Navigatorin braucht sie
einen zweiten Mann an Bord. Ganz zu schweigen von den
amtlichen Erlaubnissen zum Überfliegen von Kontinenten
und Nationen. Die Logistik. Sie benötigt einen ganzen Stab
von hoch qualifizierten Zuarbeitern und Förderern – bis hin
zum amerikanischen Präsidenten selbst.

All das stellt nicht nur sie vor höchste Herausforderungen,
auch G. P., der in solchen Sachen bislang stets die Leitung in
Händen hielt, muss noch einmal zulegen. Da es seit den Welt-
flügen von Wiley Post in den Jahren 1931 und 1933 keine
Sensation an sich mehr darstellt, den Erdball zu umfliegen,
auch nicht, wenn sie als Frau die Reise antritt, verfällt Amelia
Earhart nach stundenlangem Kartenstudium auf die Idee, im
Zickzackkurs dem Äquator entlang die Erde zu umkreisen,
um die Sache nochmals auf die Spitze zu treiben. Auf diesem
Weg ließe sich der Flug als längste Erdumrundung verkaufen,
bestätigt G. P. seine Frau, denn mittlerweile hat er alle Zweifel
verdrängt. Ein Langstreckenstunt mit außergewöhnlicher
Note, mit dem sich die höchste Belastung von Mensch und
Material beweisen lasse.

Die hohen Materialkosten ließen sich durch Sponsoren finanzieren. Aber wie dem auch sei: Sie wolle auf jeden Fall fliegen, beteuert Amelia. Wenn nur die Äquatorvariante genug Sensation liefere, dann wolle sie diesen Stunt schon bringen. Die Belastung tropischen Klimas traue sie sich zu. G. P. solle prüfen lassen, wie die Wetterbedingungen seien, wenn sie in westöstlicher Richtung aufbreche. Der Pazifik mit seinen riesigen Ausmaßen sei die schwierigste Teilstrecke, so dass sie dieses Stück am liebsten zuerst in Angriff nehmen würde, wenn sie noch erholt und ausgeruht sei. Zuletzt wolle sie dann von Afrika aus in die Staaten zurückkehren. Während das Ehepaar Putnam über den Karten brütet und Amelias Stunt in ihren Köpfen immer konkretere Formen annimmt, versucht G. P. seinen Deal mit den Sponsoren zu tätigen. Er hat nämlich errechnet, dass eine Maschine, wie sie sie benötigt, mindestens hunderttausend Dollar kostet. Wenn nicht noch mehr. Eine Summe, die sie selbst beim besten Willen nicht aufbringen können, schon gar nicht angesichts des Umbaus der neuen Villa, die vor den Toren Hollywoods entsteht.

G. P. streckt seine Fühler aus, zerbricht sich mächtig den Kopf und wird schließlich fündig. Es ist im November 1935. A. E. und er fahren zur Purdue University in West Lafayette, Indiana, wo Amelia Earhart seit neuestem als Karriereberaterin für weibliche Studenten wirkt. Die jungen Damen erhalten von ihrer eigenwilligen Ratgeberin Tipps, wie sie ihren Horizont ständig erweitern und sich auf gar keinen Fall ihre Zukunft durch überholte Konventionen verstellen lassen sollten. Denn die Zukunft gehöre vor allen Dingen ihnen selbst und ihrem freien unverbrauchten Geist. G. P. steuert den Wagen und instruiert Amelia, was sie beim Dinner des heutigen Abends unbedingt beachten müsse. Edward C. Elliott, der Präsident der Universität, hat einige finanzkräftige Industrielle und das Ehepaar Putnam eingeladen, um Amelias Flugprojekt seinen Gästen bekannt zu machen. Vorab hatten G. P. und Elliott nochmals ausgiebigst miteinander telefoniert, bis dieser G. P.s Behauptungen nicht mehr widerstehen konnte, dass eine sensationelle Erdumrundung von Amelia Earhart, möglich gemacht durch die Unterstützung der Purdue-Universität, für seine persönliche Reputation und die seines Instituts von größtem Nutzen sein könnte.

Amelia macht einmal mehr gute Miene zum Spiel, obwohl sie die vielen Partys zum Zwecke des Geldeintreibens längst lästig findet. Elliott begrüßt das Ehepaar Putnam, ergreift Amelias Hand und stellt sie seinen Gästen vor, obwohl sie selbstverständlich allen bekannt ist. Wer kennt diese Frau nicht, die seit Jahren durch die Zeitungen geistert! Auch die bunten Blätter der Regenbogenpresse berichten gerne über sie. Etwa als Freundin von Eleanor Roosevelt, wodurch deren Macht ihren Schatten auf sie wirft und sie in jeder Hinsicht außergewöhnlich wirkt. Sie ist zwar nicht die einzige Pilotin der Vereinigten Staaten, doch sie ist zweifellos die attraktivste, intelligenteste und charmanteste von allen.

Die Idee, Sponsoren unter den Gönnern der Universität zu finden, erweist sich als kluges Unterfangen. Ähnlich wie die Geschichte mit dem Pazifikflug im Interesse hawaiischer Zuckerquoten, so ist auch ihr neues Vorhaben, das G. P. als wissenschaftliches Experiment verkauft, ein kräftiges Zugpferd. Die Weltumrundung, ein guter Test für die körperlichen Belastungen beim Langstreckenfliegen, wie G. P. immer wieder betont, ist hervorragend ausgewählt, um zahlungskräftige Interessenten zu gewinnen. Geschickt legt G. P. den Köder aus und hält seine Angel bereit.

Während Amelia mit Elliott über ihre Beratertätigkeit für die Studentinnen philosophiert, widmet er sich David Ross, einem Industriellen, der mit Purdue in engem Kontakt steht. Eine mehrmotorige Maschine eigne sich sehr gut als fliegendes Labor, beteuert G. P. gegenüber Ross, der ein Glas in der Hand hält. Die Entwicklungen im Bereich der nationalen und internationalen Luftfahrt schritten fortlaufend voran, so dass eine wissenschaftliche Studie Lücken schließen helfe. Es sei nur eine Frage der Zeit, bis Passagierfliegen rund um die Welt selbstverständlich werde. Die Luftfahrtindustrie sei sehr interessiert an Ergebnissen über die Auswirkungen von Langstreckenflügen auf die menschliche Gesundheit. Ross nickt zustimmend. Amelia Earhart sei eine hervorragende Botschafterin, um solche Kenntnisse in neue Produktlinien zu transportieren. PanAmerican stecke in den Planungen, den Atlantik routinemäßig überfliegen zu wollen, fügt G. P. vielsagend hinzu. Ross ist beeindruckt.

Als im selben Augenblick A. E. herantritt, ist Ross überzeugt, dass ein Vorhaben wie Earharts Weltflug gesponsert werden müsse. Fünfzigtausend Dollar wolle er für das Projekt zur Verfügung stellen, räumt er ein. Die Einzelheiten könne man in den nächsten Tagen über die Anwälte abwickeln.

Das Abendessen, zu dem Elliott geladen hat, wird ein voller Erfolg. Neben David Ross, der sich ausgesprochen großzügig erweist, kann G. P. tatsächlich weitere Gönner für Amelias Weltflug gewinnen. J. K. Killy von der Eli Lilli Company und andere mit Purdue verbundene Honoratioren stellen weitere dreißigtausend Dollar in Aussicht. Elliott regt an, die Purdue Stiftung könne für Amelia Earhart das gewünschte Flugzeug erwerben. Die Stiftung müsse es aus versicherungstechnischen Gründen jedoch auf Amelias Namen ankaufen: Miss Earhart. Sie solle ausschließlich allein für das Flugzeug verantwortlich sein. Auch wolle man ihr die notwendigen Freisemester einräumen, um sie für den Flug von ihrer Beratertätigkeit für die Universität freizustellen.

Wiewohl die achtzigtausend Dollar, die sie nun sicher in der Tasche hätten, ein hervorragendes Ergebnis darstellten, bemerkt G. P. beim Verlassen des Dinners, werde die Summe nicht ausreichen, um alle Kosten zu decken, die auf sie zukämen. Amelia erklärt sich bereit, ihre Anteile an den Boston–

Maine Airways zu verkaufen und ihren Posten als Vizepräsidentin zur Disposition zu stellen. Auch wolle sie von ihren Geschäften mit United Air Service zurücktreten, mit deren Kooperation sie seit August 1935 gemeinsam mit Paul Mantz eine eigene Flugschule betreibt. Mantz solle sie in allen technischen Fragen beraten, meint Amelia. Sie vertraue Mantz, auch wenn G. P. sich nicht sehr gut mit ihm verstehe.

G. P. mag Paul Mantz tatsächlich nicht, doch er willigt ein. Sie müssten sich nach einem Navigator umsehen, fährt George fort und fragt, ob ihr jemand einfalle, den sie für geeignet halte. Amelia erinnert sich an Harry Manning. Vor Jahren traf sie ihn. Die beiden waren sich auf Anhieb sympathisch und beschlossen, irgendwann gemeinsam zu fliegen. Amelia erzählt, dass Manning für die United States Lines arbeite. Früher sei er Captain bei der Schifffahrt gewesen und habe in dieser Zeit seine Kenntnisse in Radio Operating perfektioniert. Jahrelang sei er mit einem eigenen Flugzeug unterwegs gewesen. Navigieren, glaube sie, beherrsche Manning zuverlässig. Sobald sie in New York seien, wolle sie mit Manning Kontakt aufnehmen.

In den nächsten Tagen sitzen Amelia und Harry Manning über diversem Kartenmaterial. Der Zickzackkurs entlang des Äquators hat zur Folge, dass sie sich mit den Navigationsvorschriften der einzelnen Länder vertraut machen müssen, die während des Fluges überwunden werden sollen. Mitte der dreißiger Jahre existiert kein weltumfassendes einheitliches kommunikatives System, das es ihnen erlaubt, eine schnelle Lösung zu finden.

Nachdem die Route feststeht, müssen als nächstes jede Menge amtliche Bescheinigungen angefordert werden. Amelia präsentiert G. P. eine Liste. Landerechte, Überflugrechte, Pässe, Visa, Impfvorschriften, Flughäfen, Statistiken und Kartenmaterial, Öllieferanten, Wartung, Kommunikation, Hotels, Geld und Versicherungen müssten gecheckt werden. Ohne persönliche Connections ein hoffnungsloses Unterfangen. Afrika, Asien und Australien sind involviert. A. E. will fliegen, wo sonst niemand unterwegs war.

G. P. wendet sich an seinen Freund Vicomte Jacques de Sibour, der in London die Repräsentanz für Standard Oil inne hat und im gesamten Britischen Empire über gute Kontakte verfügt. Sibour ist verheiratet mit Violette Selfridge, die Amelia seit 1928 ihre Freundin nennt. Violette hat bei G. P. 1930 ihr Buch »Flying Gypsies« veröffentlicht. Violette Selfridge und Vicomte de Sibour erklären sich bereit, für Amelia ihre Fühler auszustrecken. Sie wollen alles tun, was in ihrer Macht steht. Ebenfalls ihr Bestes will Eleanor Roosevelt geben. G. P. adressiert einen Brief an sie, in dem Amelia die Präsidentengattin bittet, ihr behilflich zu sein beim Einholen der nationalen und internationalen Bescheinigungen.

G. P. ist unterdessen auf der Suche nach einer geeigneten Maschine, die Paul Mantz für Amelia finden und die Purdue-Universität auf ihren Namen kaufen soll. Er denke an eine Lockheed, lässt er Mantz wissen. Paul solle so schnell wie möglich Angebote einholen. Mantz wiederum ist mit der Scheidung von seiner Frau beschäftigt, so dass G. P. die Kaufverhandlungen beschleunigt, indem er sich selbst einschaltet. Eine Sikorsky S-43 halte er für geeignet, eröffnet er Mantz in einem Telegramm, mit dem dieser zu Lockheed gehen solle. Die Sikorsky sei eine wassertaugliche Maschine und komme besonders dafür in Frage. Die Preisvorstellungen von Lockheed seien aber auf gar keinen Fall zu akzeptieren. Dreißigtausend Dollar für das Ersetzen der Räder durch Pontons, wie ihm angeboten worden sei, halte er für absolut überzogen. Mantz solle Lockheed sagen, sie hätten eine weitere Offerte aus New York vorliegen, derengemäß diese Arbeiten für ein Drittel des Preises durchgeführt würden. Lockheed solle sich auf einen akzeptablen Preis besinnen, sonst könnten sie nicht ins Geschäft kommen. Sie wollten doch sicherlich nicht an Amelia

Earhart verdienen, die von der zivilen Luftfahrt als wichtigste Persönlichkeit der Vereinigten Staaten ausgeguckt sei, das Fliegen populär zu machen. Außerdem könnte sich Lockheed nicht entgehen lassen, eine Maschine anzubieten, die dann weltweit beachtet würde. Eine bessere Werbung als Amelias Weltflug könnten sie gar nicht kriegen.

Nachdem G. P. über Paul Mantz Lockheed die Hölle heiß machen lässt, wendet Amelia ein, sie wolle keine Sikorsky fliegen. Auf gar keinen Fall; käme überhaupt nicht in Frage. Sie wolle eine Electra haben. G. P. wendet sich abermals an Mantz, der noch einmal losgeschickt wird, statt der anvisierten Sikorsky nun eine Electra aufzutreiben. Allerdings mit Reifen statt mit Pontons. Schwimmende Kufen seien zu teuer, wenn sie sich für eine Electra entschlössen. Lockheed unterbreitet ein neues Angebot. Im März 1936 könnten sie die gewünschte Maschine bereitstellen, heißt es.

G. P. drückt noch einmal den Preis. Sie brauchten keine vollständig ausgestattete Maschine. Die zehn Sitzplätze, die die Electra üblicherweise enthalte, würden ohnehin ausgebaut werden. Sie sollten den Flieger ohne die Sitze liefern; und teilweise auch ohne Kabinenfenster, da an Stelle der Sitze Benzintanks installiert würden. Diesmal kommt es zum Kaufvertrag. An Mantz sendet er unverzüglich eine Liste mit technischem Zubehör, das in die Lockheed Electra eingebaut werden müsse, sobald die Maschine geliefert werde.

Mantz schaltet Clarence Belinn ein, den Chefingenieur von National Airways und beauftragt ihn, für Amelias anberaumtes Flugzeug ein Tanksystem zu entwickeln, das mindestens zehn Benzintanks umfasse und mittels einem Hauptventil in den Fußboden des Cockpits leite. Belinn macht sich an die Arbeit, doch er lässt Skepsis durchblicken. G. P. spare an der falschen Stelle, lautet seine Meinung, die er unverhohlen gegenüber Mantz äußert.

G. P. weist die Vorwürfe zurück. Man könne nur ausgeben,

was man habe, und mehr als achtzigtausend Dollar werde Purdue nicht bereitstellen. Er werde sich nach weiteren Sponsoren umsehen. An der Electra und seiner Equipmentliste halte er allerdings nichts für fahrlässig. Sie sollten ihre Arbeit machen und ihm die Sicherheitsstandards überlassen.

Von Manning will er wissen, wie weit er bei der Auswahl der Navigationsinstrumente vorangekommen sei. Wenn sie die modernste Technik nutzen wollten, erfährt G. P., müssten sie sich für Funktelegraphie entscheiden, die mittels Peilantenne mit Radiostationen auf Schiffen oder an diversen Küsten die Verbindung herstellen könnte. Sie müssten den internationalen Morsecode verwenden. Zur Zeit seien Frequenzen von 500 Kilohertz möglich. Diese Variante sei die einzig denkbare, sobald sie das Territorium der Vereinigten Staaten verließen. Und sie müssten ein Equipment installieren, das in jedem Fall wetterbedingte Funkprobleme obsolet mache. Amelia wolle um die ganze Welt fliegen, und das in Äquatorhöhe, da müssten sie sich auf brutalste Wetterturbulenzen einstellen. Die Leute von Western Electric seien in der Lage, einen Sender auf 500 Kilohertz einzustellen. Amelias alter Empfänger jedoch könnte auf dieser Frequenz keine Signale aufnehmen. Sie bräuchten also einen anderen Empfänger und eine Peilantenne.

G. P. nimmt Kontakt auf mit Vincent Bendix, dem Präsidenten der Bendix Aviation Cooperation, und informiert Amelia darüber, dass Bendix als weiterer Sponsor in Frage komme. Er stelle Radioequipment zur Verfügung, das Mannings Erfordernissen entspreche. Amelia fährt hin zu Vincent Bendix nach South Bend in Indiana und kommt mit fünftausend Dollar im Gepäck und dem Versprechen nach Hause, Bendix werde das neueste Radiosystem bereitstellen, das es derzeit gebe, einschließlich Peilantenne nebst Zubehör. Die Forschungsabteilung von Bendix arbeite an der Entwicklung des neuen Empfängerprototyps, der aber noch nicht fertig sei, erzählt Amelia ihrem Mann, nachdem sie aus South Bend zurück ist. Der Bendix-Empfänger könne mit Ausnahme der Frequenzen zwischen 1 500 bis 2 400 Kilohertz auf jeder Frequenz zwischen 200 und 10 000 empfangen. Die Entwicklungen würden auf Hochtouren vorangetrieben, doch augenblicklich müssten sie sich damit begnügen zu warten. Bendix würde ihnen ein anderes System einbauen, das dann durch den neuen Prototyp ersetzt werden solle, sobald sie diesen liefern könnten.

G. P. quält zunehmend der Gedanke, dass die Route in westlicher Richtung über Hawaii extrem risikoreich sein würde. Die Strecke über den Pazifik ist die längste, ohne Möglichkeit, unterwegs zu tanken. Sie müsste in Hawaii mit randvoll gefüllten Tanks starten, und das bei einer Startbahn mit begrenzter Reichweite. Oder sie könnte mit geringem Treibstoffvorrat abheben, müsste dann aber irgendwo über dem Pazifik eine weitere Tankfüllung erhalten. Ohne Unterstützung der Navy ein unmögliches Unterfangen. G. P. richtet ein Schreiben an die Handelskammer, bittet um Flugerlaubnis und gleichzeitig darum, die Kammer möge Amelias Weltflugpläne ans State Department weiterleiten. Im Gegensatz zu ihren bisherigen Langstreckenflügen will er sich diesmal alles offiziell absegnen lassen, denn ohne amtlichen Segen ist das Projekt nicht durchführbar. Als möglichen Startzeitpunkt nennt G. P. die Zeit um Februar oder März 1937. Schusswaffen befänden sich nicht an Bord, Überwachungskameras ebenfalls nicht. Der Flug diene ausschließlich wissenschaftlichen Zwecken und sei Teil eines Programms der Purdue-Universität in Bezug auf Luftfahrtaktivitäten, die Miss Earhart leite. Seine Gedanken vom Auftanken in der Luft hält er erst einmal zurück.

Die Antwort vom Department of Commerce trifft zügig ein. Man habe G. P.s Ansinnen ans State Department weitergeleitet. Earharts Fluglizenz sei allerdings verfallen. Sie müsse eine neue beantragen. Und sie müsse ihr Equipment offiziell bewerten lassen. G. P. schaltet als nächstes Eugene Vidal ein, Amelias besten Freund. Vidal, dessen Bureau of Air Commerce den gesamten Vorgang zu bewilligen hat, solle auf die Navy einwirken. Diese solle Informationen zum Wetter bereitstellen, was die Navy dann auch tut, aber ausgesprochen widerwillig. Die Informationen seien nicht zum allgemeinen Gebrauch bestimmt. Putnams Frau solle sie nach Durchsicht zurücksenden, lässt die Navy Vidal wissen, an den die Daten geschickt werden. Die Leute von der Navy haben nicht vergessen, dass Amelia ihr Radio, das sie ihr großzügig beim letzten Flug für Navigationszwecke zur Verfügung gestellt haben, während der Pazifiküberquerung nutzte, um Musik zu hören und ihre Okays durchzugeben. Dort ist man seitdem ziemlich verschnupft.

Obwohl die Zusammenarbeit mit der Navy schleppend anläuft, verfasst G. P. nun doch noch selbst einen Brief ans Sekretariat der Marine und bittet darum, die Navy möge ein Flugboot abkommandieren, um eine mögliche Tankfüllung von Amelias Flugzeug zu begleiten, die er sich im Bereich des Marinestützpunktes von Midway Island im Pazifik vorstelle. Ein solches Unterfangen gestatte Amelia, ohne zu viele Lasten Hawaii zu verlassen. Sie könne bei einer Treibstofffüllung in Höhe von Midland Island problemlos bis Tokio oder Manila durchfliegen. Von der Navy kommt keine Antwort. Washingtons Beamte denken nicht mehr daran, so schnell nach Putnams Pfeife zu tanzen.

G. P. wendet sich daraufhin an Marie Mattingly Meloney, eine enge Freundin von Eleanor Roosevelt und Herausgeberin des »Herald Tribune's Sunday Magazine«. Er beklagt sich, dass Admiral W. H. Standley seinen Antrag in Händen halte, jedoch die Zustimmung zum Betanken von Amelias Maschine über dem Pazifik verweigere, weil er darin einen Präzedenzfall sehe, der für die Navy absolut nicht wünschenswert sei. Die Meloney spricht mit Eleanor Roosevelt, und Eleanor versichert, sie werde alles tun, um Amelia zu helfen. Die First Lady wolle sich persönlich um alle Belange kümmern, die mit der Navy oder anderen Regierungsstellen abzuwickeln seien. G. P. solle ihr detailliert auflisten, welche Probleme der dringlichsten Lösung bedürften. Verstärkenden Charakter kommt einem weiteren Schreiben zu, das Amelia, vermutlich in G. P's Auftrag, an den Präsidenten selbst verfasst. Roosevelt wird darin persönlich gebeten, die Tankfüllung mit Unterstützung der Marine zu ermöglichen.

Der Präsident gibt seinen Segen, kritzelt auf den Rand es Schreibens, man solle alles tun, was getan werden könne. Man solle sich mit Putnam in Verbindung setzen; fügt sein Kürzel darunter und reicht das Schreiben weiter. Die Navy reagiert prompt. Man werde selbstverständlich kooperieren.

G. P. hört unterdessen von Eugene Vidal, dass einige kleine Pazifikinseln im Mai 1936 dem Innenministerium unterstellt würden. Die Amerikaner beobachten seit längerem die Japaner, die in jenen Tagen im Pazifik aggressiv operieren. Ein Stützpunkt mitten im Pazifik, vor der Haustür Asiens sozusagen, ist derzeit in Washington von allergrößter Wichtigkeit. Howland Island, Jarvis und Baker werden von den Amerikanern kolonisiert. Offiziell heißt es, die Inseln sollten als Standort für Notfälle fungieren. Die zivile Luftfahrt sei dabei, ihre Fluglinie in Richtung Australien auszubauen.

G. P. verwirft daraufhin seine Pläne, Amelias Maschine aus der Luft zu versorgen. Attraktiver erscheint ihm jetzt die Vorstellung, sie könne auf Howland Island landen und dort auftanken. Dass dafür eigens eine Landebahn gebaut werden muss, schreckt ihn nicht ab; eingedenk der provisorischen Piste, die Mexikos Soldaten zwei Jahre zuvor für Amelia zimmerten. Unverzüglich bittet er den Präsidenten um Unterstützung.

Unterdessen nehmen die Arbeiten an der Electra Formen an. Man steht kurz vor der Fertigstellung. Mantz schlägt vor,

Rumpf und Flügel rot oder orange anzustreichen, damit man die Maschine besser lokalisieren könne, falls Amelia irgendwo abstürzen würde.

G. P. ist nicht damit einverstanden. Erstens werde seine Frau nicht abstürzen, und zweitens müsse die Maschine die Farben der Purdue Universität tragen, lautet es dezidiert aus seinem Büro. Silbergrau. Und als wollte er Mantz gleich noch einmal deutlich zeigen, wer der Chef im Projekt ist, stellt er ihm einen zweiten Mann an die Seite. Amelia hat ihn ausgesucht. Es ist Bo McKneely. Kneeley, Jahrgang 1908, gilt als erfahrener Mechaniker von Pratt & Whitney Motoren.

Während G. P. trotz seiner aufreibenden Arbeiten für Paramount-Pictures-Studios die Fäden fest in Händen hält, sind alle bei der Arbeit. Washington überlegt, ob Amerika auf Howland Island Landebahnen bauen will; Manning beschäftigt sich mit der Theorie von Bendix neuestem Radiokommunikationssystem; Mantz und Bo wirken an der Electra, die abwechselnd in Burbank/Hollywood, Newark/New Jersey oder im Hangar von Purdue steht. Sibour beschäftigt sich mit der Logistik in Asien, Australien und Afrika, und Amelia kümmert sich hingebungsvoll um ihre neue Prachtvilla vor den Toren Hollywoods. Oder sie tourt durch die Lande, um ihre obligatorischen Lectures zu absolvieren.

Gerade jetzt vor dem Weltflug wäre es wichtig, dass sie überall im Gespräch ist. Der Umbau der Villa ist ihr wichtiger. Ihr Refugium soll sie werden, wenn alles vorbei ist. Im Mai 1936 sind die Pläne zur Umgestaltung ihres kalifornischen Traumhauses fertig. Sie ist sooft wie möglich in Hollywood, um die Umbauarbeiten zu überwachen. Der kleine Bungalow wird vollständig umgestaltet; ein weiteres, größeres Anwesen entsteht nebenan. Beide Gebäude architektonisch geschickt miteinander zu verschmelzen ist die Aufgabe, über der die Architekten brüten und die die Handwerker umzusetzen haben. Das Anwesen befindet sich auf zwei zusammengelegten Grundstücken entlang

Amelia als wichtige Beraterin in Luftfahrtsthemen vor einem Senatsaus-
schuss zur Luftsicherheit in Washington, D.C., 1936. (Foto: AKG, Berlin)

des Toluca Lake Golfplatzes. Herrlich gelegen, mitten in der
Natur.
Während der alte Bungalow fürs Wohnen und Repräsentieren
vorgesehen ist, entstehen in dem neuen Trakt zwei Büros, eins
für Amelia und ein zweites für G. P.; dazu die Schlafräume,
jede Menge Gästezimmer sowie die Räume für das Personal.
Einen ganzen Stab benötigt sie demnächst, um ihrem Anwesen strahlenden Glanz zu verleihen. Wenn es soweit ist, wolle
sie einen Gärtner und Hausmeister einstellen, eine Haushälte-
rin sowie eine Sekretärin, erklärt sie. Sie wolle sich dort zur
Ruhe setzen. Jedenfalls was die Stunts betreffe. Die Erdumrundung solle ihr letztes Abenteuer sein. Mit Vierzig die Langstreckenflüge zu bestehen sei ein Wagnis, das selbst jemand
wie sie als echtes Risiko empfinde. Und sie erklärt weiter, dass
sie Amy in Toluca Lake ein ansprechendes Heim bieten wolle.
Statt bei Muriel für Haushalt und Kinder zu sorgen, solle Amy

zu ihr nach Hollywood kommen, um auf ihre alten Tage endlich leben zu können, wie es ihr eigentlich zusteht.

Apropos Amy. Sie muss sich jetzt schon um ihre Mutter kümmern, weiß Amelia und wähnt sie augenblicklich am besten aufgehoben, wenn sie sie auf Reisen schickt. So ist Amy abgelenkt, denn in den Zeitungen tauchen jetzt schon die ersten Gerüchte auf, dass Amelia Earhart einen Flug um die Welt plant. Kurz entschlossen bucht sie im Frühling 1936 eine Kreuzfahrt für ihre Mutter und eine junge Frau, eine Verwandte, Nancy Balis, die sie ihr als Begleitung mitzugeben gedenkt. Mit einem Kreuzfahrtschiff »Red Star« sollen die beiden Damen ab Mitte Juni eine siebenwöchige Tour nach England, Schottland und Frankreich unternehmen.

Vor der Abreise instruiert Amelia ihre Mutter noch ausführlich, worauf sie unterwegs unbedingt achten solle. Präsidentschaftswahlen stehen 1936 ins Land. Amelia ist involviert in den Wahlkampf der Demokraten, um Franklin Delano Roosevelt den Stuhl im Weißen Haus zu sichern. Weniger wegen der von Roosevelt erhofften großzügigen Geste in Sachen Howland Island, sondern weil sie der Meinung ist, Roosevelt sei der erste und einzige Amerikaner, der wirklich etwas für die Gleichberechtigung der Frauen getan habe und tun werde. Er verkörpert für die Feministin Amelia den Fortschritt, von dem sie im Namen aller Frauen, auch im Namen derer, die Kuchen backen, weiterhin das Weiße Haus bestimmt sehen will. Ihre viktorianisch geprägte Mutter hingegen bevorzugt die Republikaner, die Roosevelts Politik verdammen. Auch Amy kommt von den Lippen, was alle Reps sagen, wenn sie vom amtierenden Präsidenten sprechen: »That man in the White House...«

Ein Kommentar, mit dem sie sich zurückhalten solle, versucht Amelia auf Amy einzuwirken. Auch solle sie sich in Acht nehmen vor Reportern, sollte sie an Bord des Schiffes oder an Land als ihre Mutter erkannt werden. Immer lächeln, niemals strenge Bemerkungen machen. Wenn sie von der Presse bedrängt werde, etwas zu sagen, solle sie über England oder Frankreich reden. Aber bitte nicht über die Westminster Abby in Paris. Ihre Kleidung solle sie auf jeden Fall von altmodischem Zeug befreien. Und sie solle unbedingt die Hosen tragen, die sie ihr vor kurzem geschenkt habe. Amy verlässt dann auch in Begleitung von Nancy Balis die Staaten am 15. Juni 1936. Und Amelia ist fürs Erste einigermaßen erleichtert. Ganz allerdings wohl nicht, denn sie schickt Amy wenige Tage später einen Brief hinterher. Angefüllt mit guten Wünschen und zahlreichen Benimmregeln.

Amelia überlegt, ob sie jetzt zur nächsten Lecture aufbrechen oder sich um das Voranschreiten ihrer Villa kümmern soll. Die Entscheidung wird ihr abgenommen. Unerwartet wird sie von Frances, G. P.s Mutter, gebraucht. Im vorigen Jahr war Frances bereits nach Hollywood gekommen, um in Amelias Nähe zu sein. Frances Putnam ist todkrank und ihr Zustand verschlechtert sich täglich. Am 30. Juni 1936 stirbt sie. Die letzten Tage vor ihrem Tod ist nur Amelia bei ihr. Es geht jetzt alles so schnell, dass selbst G. P. nicht mehr rechtzeitig aus New York herbeieilen kann.

Ausgerechnet in diesem traurigen Moment kommt die Meldung, dass die Lockheed Electra fertig gestellt sei. Drei Wochen nach Frances Tod ist die zweimotorige Maschine, mit der Amelia es noch einmal wissen will, startklar. Am 24. Juli 1936, passend zu ihrem neununddreißigsten Geburtstag, wird sie ihr übergeben. Sie ist stolz auf diese Maschine, mit der sie ihre persönlichen Rekorde noch einmal brechen will. Wenn sie es schafft, kann sie erneut bekräftigen, dass die Zukunft den Frauen gehört. Sie lebt für die Hoffnung, dass die Frauen eines Tages so frei und unabhängig sein werden, ihr Leben zu leben, wie die Männer es sind – ganz gleich welchem Kontinent oder welcher Nation sie angehören. Nichts ist besser geeignet, solche Visionen mit Leben zu füllen, als der Weltflug, den sie plant.

Mit der Electra zu fliegen, muss sie allerdings noch üben. Sie hat bisher ausschließlich einmotorige Maschinen gesteuert. Und von ihrem Navigationssystem versteht sie schlicht und ergreifend gar nichts. Doch Amelia Earhart lernt schnell, und so ist damit zu rechnen, dass sie die Welt in Atem halten und den Frauen den Sieg versprechen kann. Sie weist auch gleich die Männer in die Schranken, indem sie sich mit der funkelnagelneuen Electra fürs New York – Los Angeles – Bendix Air Race anmeldet und weder Paul Mantz noch Elmer McLeod, den Chefpiloten von Lockheed, mitnimmt, mit dem sie bereits die ersten Teststunden absolviert hat, sondern einer Frau, Helen Richey, die Rolle der Copilotin zuweist. Helen Richey ist eine sehr prominente Begleiterin, so dass jedem Kritiker die Freude am Unken vergeht. Helen Richey ist die erste Frau der Vereinigten Staaten, die eine Linienmaschine steuert. Zwei echte Siegertypen machen sich also auf den Weg nach Los Angeles. Sie werden fünfte von fünf Teilnehmerinnen. Kein Sieg diesmal, aber dreißig Stunden weitere Flugerfahrung, die sie als Training gut gebrauchen kann. Dieser Testflug ist wichtig, denn ihre Maschine funktioniert keineswegs perfekt. Die Motoren verlieren Öl.

Die nächsten Monate bis zum Start vergehen rasend schnell. Denn es gibt jede Menge Probleme. Die Motoren müssen auf Grund des Ölverlusts noch einmal überholt werden; einer der beiden Propeller rotiert nicht so, wie er sollte; der Western-Electric-Radioempfänger gibt keine Signale, obwohl welche zu hören sein müssten. Joseph H. Gurr, Radiotechniker bei den United Airlines in Burbank/Hollywood, wird geordert, die Probleme zu lösen. Er kommt und schüttelt den Kopf, denn unter dem Sitz der Copilotin findet er zwar den Empfänger, allerdings ohne angeschlossene Antenne, die auf dem Boden daneben liegt. So könne man auch keine Nachrichten hören, schimpft Gurr über die in seinen Augen unverzeihliche Schlamperei und platziert die Antenne dorthin, wo sie hingehört. Sollte es auch künftig Ärger mit dem Radiosystem geben, versichert Mantz erleichtert, werde man niemanden anderen als Gurr kommen lassen. Ihn und sonst keinen. Das Radio funktioniert jetzt zwar ordnungsgemäß, aber es ist immer noch nicht das richtige Gerät, das Bendix für die Electra eigentlich versprochen hat.

Während die Techniker sich in die Arbeit stürzen, um die Lockheed Electra flugtauglich zu machen, absolviert Amelia weiterhin ihre Lectures, engagiert sich im Wahlkampf für Franklin Roosevelt und trifft sich häufiger mit Eugene Vidal.

In jüngster Zeit mehren sich die Gerüchte, das Ehepaar Putnam stecke in der Krise. Sie sei auf der Flucht vor ihrem geschäftstüchtigen Ehemann, heißt es. Man wisse ja von der Earhart, dass ihr das Fliegen wichtiger sei als Geld, doch von Putnam könne man das nicht behaupten. Ein anderer Mann soll im Spiel sein, wird gemunkelt. Eugene Vidal steht ihr tatsächlich nahe. Selbst Vidals Sohn, der zehnjährige Gore, glaubt, dass sich Amelia in seinen Vater, der seit einem Jahr geschieden ist, verliebt hat. Denn Vidal begleitet sie, wohin immer sie geht, ist anwesend beim Bendix-Air-Rennen in Los Angeles, trifft sie in New York und lädt sie im November zum Fußballspiel der Army gegen die Navy nach Philadelphia ein, wofür er eigens einen Termin bei der West Point Society von Philadelphia absagt.

Der zehnjährige Gore ist Feuer und Flamme für Amelia, die er faszinierend findet. Auf der Heimfahrt nach New York, die das Trio an diesem 28. November 1936 mit dem Zug antritt, spricht Amelia über ihre geplante Erdumrundung, die immer näher rücke. Gore will unbedingt wissen, wovor sie die größte Angst habe, wenn sie erst einmal oben sei. Über Afrika, im Regenwald, abzustürzen, gesteht Amelia nachdenklich. Gore reißt die Augen auf. Der Dschungel Afrikas sei aber längst nicht so groß wie der Pazifik. Ob sie keine Angst vor dem Pazifik habe? Dort gebe es jede Menge kleine Inseln, auf die man

201

sich retten könnte, entgegnet Amelia. Außerdem finde sie es reizvoll, allein auf einer einsamen Insel zu leben. Frei von allen Zwängen, die den Menschen ansonsten auferlegt seien. Man müsse nur wissen, wie man das Salz aus dem Meerwasser herausfiltere, dann könne man schon überleben.

Im November trifft Amelia auch Jacqueline Cochran Odlum. Jacqueline, genannt Jackie, ist eine couragierte Pilotin, die ähnlich wie Amelia die Auffassung vertritt, Frauen könnten so gut fliegen wie die Männer und man müsste es den Männern zeigen. Doch jenseits der Fliegerei ist die blonde und gertenschlanke Jacqueline, die sich mit harten Bandagen durchs Leben boxen musste, durchaus dem Wesen Mann sehr zugetan. Neben der Fliegerei betreibt sie noch ein Kosmetikinstitut, das sie selbst auf die Beine gestellt hat. Seit kurzem ist sie mit Floyd Odlum verheiratet, einem der vermögendsten Männer Amerikas.

Jacqueline Odlum und Amelia kennen sich seit acht Jahren. Obwohl beide sehr verschieden sind, verstehen sie sich dennoch glänzend, denn beide sind zwei energiegeladene Frauen, die mehr als nur Kinder versorgen wollen.

Amelia lädt Jacqueline Cochran ein, mit ihr an die Westküste zu fliegen. Sie müsse ihre Electra von Newark, wo die Maschine augenblicklich sei, nach Burbank bringen. Die Cochran willigt ein und bittet Amelia, sobald sie in Kalifornien eingetroffen sind, mit ihr auf die Cochran-Odlum Ranch nach Indian Palms zu kommen, um die letzten Wochen des Jahres gemeinsam dort zu verbringen. Amelia lässt sich dazu überreden und beide Frauen brechen nach Indian Palms auf.

Jacqueline erzählt in diesen Tagen ihrer Freundin, dass sie über hellseherische Fähigkeiten verfügt. Amelia, die zwar nur glaubt, was sie wirklich sieht, stellt Jackies Talent aber trotzdem auf die Probe, in unguter Vorahnung. Beide haben gerade erfahren, dass eine Maschine des Western Air Express auf dem Flug von L. A. nach Salt Lake City vermisst werde. Sie solle bestimmen, wo sich das Flugzeug befinde. Wenn sie das schaffe, dann sei sie von ihren Fähigkeiten überzeugt, redet Amelia auf Jackie ein. Jacqueline gibt ihr tatsächlich einige Hinweise.

Amelia setzt sich sofort ins Auto und fährt über Nacht bis nach Los Angeles, wo Mantz versucht, die von der Cochran angegebene Stelle auf seiner Karte auszumachen. Zusammen mit ihm steigt sie ins Flugzeug, um die abgestürzte Maschine zu finden. Trotz intensiven Suchens bleibt die Aktion aber erfolglos. Amelia verwirft daraufhin den Gedanken, dass Menschen übersinnliche Kräfte besitzen könnten. Und dennoch lässt ihr die Behauptung ihrer Freundin keine Ruhe. Im nächsten Frühjahr werden Jackies Vermutungen doch noch bestätigt, nachdem die Schneeschmelze eingesetzt hat und man das Wrack findet. Das konnte sie im Jahr 1936 noch nicht wissen.

Am 27. Dezember 1936 stürzt erneut ein Flugzeug ab, diesmal von den United Airlines. Die Maschine wird in der Nähe von Burbank vermisst. Amelia ist kühn genug, Jacqueline noch einmal um Hinweise zu bitten. Jackie soll ihr sagen, wo das Flugzeug steckt, beschwört sie die Freundin. Jackie gibt ihr eine detaillierte Beschreibung der möglichen Stelle. Auch diesmal behält sie Recht. Amelia findet die Maschine genau an dem Ort, den die Cochran genannt hat. Eine Erfahrung, die nicht ohne Wirkung auf Amelia Earhart bleibt. Jacquelines Rat ist ihr sehr wichtig.

Die Cochran ist zum Beispiel der Meinung, dass Amelias Navigator Harry Manning nicht der richtige Mann für ihren Flug um die Welt sei. Manning sei zwar ein netter Typ, aber in Sachen Flugnavigation wohl nicht ganz auf der Höhe. Amelia solle ihn zu einem Nachtflug bei sternenklarem Himmel mit hinaus aufs Meer nehmen. Dann werde sie schon sehen, ob Manning für sie der Geeignete sei oder nicht, empfiehlt sie. Apropos der Richtige: Jacqueline ist im Übrigen der Meinung,

G. P.s stringenter Geschäftssinn schade mehr, als er nütze. Sie könne die Freundin nur davor warnen, alles ihm zu überlassen.

Im Dezember 1936 ist übrigens spruchreif, dass die Amerikaner auf Howland Island drei Landebahnen bauen werden. Der Präsident will es so. Um die zehntausend Dollar werde das Projekt verschlingen. Und auch G. P. wird zur Kasse gebeten. Er soll die Lohnkosten für vier Arbeiter übernehmen. Die Regierung bezahlt weitere acht. Die Air Commerce wird die Arbeiten überwachen, das Innenministerium ist zuständig für die Verpflegungskosten, Army und Navy müssen sich um jedwedes Equipment und die Coast Guard um den Transport kümmern. Die Offiziellen ermahnen G. P., über alles zu schweigen. Niemals dürfe der Name George Palmer Putnam mit dem Projekt Howland Island in Verbindung gebracht werden. G. P. schweigt natürlich. Wie Sieger schweigen, wenn sie am Ziel sind.

Die Tage in Indian Palms bei der Cochran verlaufen unterdessen friedlich, auch als G. P. und Floyd zum Jahreswechsel eintreffen und die zwei Frauen nicht mehr ganz unter sich sind. Floyd bringt seinen Sohn Bruce aus erster Ehe mit, der dreizehn Jahre alt und ähnlich wie Vidals Sohn gleich von Amelia fasziniert ist. Obwohl Jacqueline G. P. nicht mag, hält sie mit ihren ansonsten oftmals verletzenden Äußerungen, was ihn angeht, zurück. Amelia und Floyd zuliebe, der ein herzliches Verhältnis zu G. P. pflegt. Ihre Aversionen gegenüber Amelias Ehemann reichen zurück ins Jahr 1932, als sie G. P. zum ersten Mal begegnete und er sie provokativ mit der Frage herausforderte, welche fliegerischen Ambitionen *sie* denn hege. Provokativ empfand Jacqueline damals vor allem, dass er sie mit »Little Girl« ansprach. Schlagfertig erwiderte sie, sie wolle seine Frau vom Sockel stoßen. Seitdem hegen beide höchst frostige Gefühle füreinander. Jacqueline empfindet ihn als abstoßend, weil sich seine Gedanken ständig ums Geld drehen.

Jacqueline Cochrans Einwand in Bezug auf Manning hinterlässt bei Amelia Eindruck. Sie plagen jetzt, im neuen Jahr 1937, das mit Feuerwerk und Champagner Einzug hielt, heftige Zweifel, ob sie ihren Navigator für qualifiziert genug halten soll. Jackies parapsychologische Kostprobe verunsichert sie zutiefst. Vielleicht sollte sie ihre Warnungen beherzigen, scheint ihr Spiegelbild zu flüstern, wenn sie prüfend hineinschaut.

In den nächsten Tagen hört Mantz, dass Bendix den gewünschten Empfänger mitsamt der vorgesehenen Peilantenne transportbereit hält. Die Teile würden am 25. Februar 1937 von Washington aus eingeflogen werden. Cyril D. Remmlein, von der Bendix-Forschungsabteilung werde ebenfalls an Bord sein, um beim Einbau des neuen Systems zu helfen. Nachdem der Termin feststeht, ist G. P. der Meinung, sie müssten langsam daran denken, an die Presse heranzutreten. Er habe bereits für den 11. Februar eine Pressekonferenz im New-Yorker Barclay Hotel arrangiert, bei der Amelia ihre Gründe für den Weltflug präsentieren und Harry Manning als ihren Navigator vorstellen soll.

Als Amelia im Barclay eintrifft, sind die Presse und Manning bereits anwesend. Die Blitzlichter der Fotografen blitzen wie gewohnt auf. Amelia schenkt den Reportern ihr Lächeln und gesteht, sie wolle um die ganze Welt fliegen, weil ihr nichts wichtiger sei. Sie vertrete die Auffassung, Fliegen sei keine Profession, die allein den Männern vorbehalten sei, was die Presse ja seit langem von ihr wisse. Sie wolle aber mit diesem Flug noch mehr Frauen Mut machen, ihren Weg zu gehen, ebenfalls ins Flugzeug zu steigen, um den Steuerknüppel selbst in die Hand zu nehmen. Die Weltumrundung sei die Krönung ihrer Karriere und sie setze damit ein Zeichen für alle Frauen. Captain Harry Manning von der US Line werde sie übrigens als Navigator begleiten.

Die Presse bedankt sich artig für das Interview, doch sie liegt

Amelia Earhart keineswegs mehr so wie in alten Zeiten zu Füßen, obwohl G. P. es an nichts hat fehlen lassen: Snacks, Getränke, Souvenirs, die den Earhart-Flug begleiten sollen, an alles hat er gedacht. Die Meldung über den bevorstehenden Flug rund um die Welt landet in der »New York Times« aber nur kurz und bündig auf Seite fünfundzwanzig. Putnam hat es sich mittlerweile dermaßen mit der Presse verscherzt, dass diese ihm nicht mehr als ein paar Zeilen überlässt. Es gibt inzwischen kaum einen Journalisten, der sich nicht von G. P. instrumentalisiert fühlt und sich ihm konsequent verweigert.

Obwohl G. P. ursprünglich Lockheed-Leuten versprochen hat, dass er die Berichterstattung über Amelias Weltflug für alle Zeitungen freigeben wird, entscheidet er sich jetzt, ihre Story exklusiv der »New-York Herald Tribune« anzubieten. Amelia werde von unterwegs Berichte über jede Teilstrecke schicken, erklärt er dem Chef der Tribune. Er behalte sich vor, daraus ein Buch zu machen, sobald sie wieder in den Staaten eintreffe. »Herald Tribune« dürfe Amelias Berichte in kurzen Auszügen an jede Zeitung weiterverkaufen, schlägt G. P. vor. Carl Allen, ihr Freund und Reporter für Flugsport bei der »New York World-Telegram«, soll exklusiv für den »Herald Tribune« Teile der geplanten Kurzreportagen vorbereiten. Er könne gleich damit beginnen, fährt Putnam fort, auf den »Herald Tribune« einzuwirken.

So reibungslos, wie sich G. P. den Deal mit dem »Herald Tribune« vorstellt, ist er nicht zu machen. Interviews sollten ausschließlich vom »Herald Tribune« gemacht werden dürfen, verlangt man in der Chefetage. Amelia solle vergessen, dass Gott ihr eine Zunge zum Sprechen gegeben habe, bevor die Zeitung nicht schon das entsprechende Bildmaterial und den Text veröffentlicht hätten. Was G. P. ausgesprochen lächerlich findet. Seine Frau könne doch nicht den Mund halten, wenn sie überall auf der Welt von Journalisten zu ihrem Flug befragt werde. Das sei geradezu albern. Wo immer es ihr möglich sei, werde sie natürlich möglichst kurz auf Journalistenfragen antworten. Doch er könne und wolle darüber hinaus nicht garantieren, dass die Navy- oder die Coast-Guard-Leute, die, wie der »Herald Tribune« ja wisse, ebenfalls an dem Projekt beteiligt seien, den Mund hielten, wenn sie von der Presse gefragt würden.

Als Cyril D. Remmlein, der Leiter der Bendix-Forschungsabteilung, am 25. Februar 1937 in Burbank mit dem Equipment aus dem Flugzeug steigt, trifft er auf Amelia und Manning. Sie kommen zusammen, um das weitere Vorgehen zu besprechen. Die drei entscheiden, außer dem Empfänger noch eine Klopfertaste für das Morsealphabet, ein Mikrofon und zwei Kopfhörer zu installieren. Einer der Kopfhörer soll in der Nähe der Navigationsstation seinen Platz haben, der andere im Cockpit, damit Manning gleichzeitig mit dem Sender arbeiten und den Empfänger hören könne. Und zwar sowohl im hinteren Teil der Kabine, wo die Navigationsstation aufgebaut ist, als auch im Cockpit, wo Amelia sitzen und die Electra steuern wird. Joseph Gurr wird beim Einbau der Bendix-Geräte hinzugezogen. In wenigen Tagen ist alles fertig.

Als nächstes muss sich Manning eingehenden Unterweisungen durch Remmlein unterziehen. Schriftliche Unterlagen zur Bedienung des Gerätes liegen nicht vor, so dass Manning sich Notizen machen oder aber sich alle Handgriffe sofort merken und durch ständiges Üben abrufbar einprägen muss. Manning ist fleißig bei der Arbeit, nicht jedoch Amelia, die sich nur marginal dafür zu interessieren scheint. Sie quält mehr der Gedanke, dass Jackie Cochran Recht haben könnte mit ihrer Einschätzung, und Manning sei tatsächlich für diesen Flug nicht der beste Navigator.

Sie sagt ihrem Mann, dass sie ein ungutes Gefühl habe, was ihn angeht. Am liebsten würde sie allein fliegen, bricht es aus ihr heraus. Komme überhaupt nicht Frage, sie brauche einen fähigen Navigator neben sich. Am 4. März unterzieht sich Manning auf ihr Betreiben hin bei der Federal Communications Commission in L. A. einer Navigationsprüfung, die ihm allerdings attestiert, dass er mit der Radiotelegraphie in Flugzeugen zu arbeiten verstehe. An Amelias Zweifeln ändert dieses Ergebnis nichts. Wenige Tage später fragt G. P. noch Paul Mantz, wie er über Mannings Fähigkeiten denkt. Er teile Amelias Skepsis, weil Manning ursprünglich für das Navigieren auf Schiffen ausgebildet worden sei, äußert Mantz mit bedenklichem Gesichtsausdruck.

Sie verabreden einen weiteren Testflug, bei dem Manning seine Kenntnisse nochmals unter Beweis stellen soll. Mantz hält es für wichtig, dass Manning nicht nur mit Hilfe des Radios, sondern auch durch das Deuten von Sternenkonstellationen den Kurs zu finden verstehe. Gleichzeitig könnte man Gurr mitnehmen, um das Radiosystem zu testen, empfiehlt er.

Der Testflug wird für Mittwoch, den 10. März 1937, angesetzt. Amelia soll die Maschine nach Oakland bringen. Von Oakland aus wollen sie nach San Francisco aufbrechen, über der Bucht zum offenen Meer hin abdrehen, bis die Küste außer Sicht ist. Mannings Aufgabe besteht darin, sie zurück nach Burbank zu lotsen, schlägt Mantz vor. Danach wüssten sie sicher, was sie von dessen Navigationskünsten zu halten hätten, bekräftigt er.

G. P. und auch Manning selbst sind einverstanden. Am frühen Mittwochmorgen brechen sie zusammen mit Mantz, der die Electra steuert, von Oakland in Richtung San Francisco auf. Es ist 3.35 Uhr und stockfinster. Sie fliegen wie geplant los, obwohl das Wetter denkbar schlecht ist. Dicke Regenwolken hängen über der Küste, die sich bis weit auf den Ozean hinaus erstrecken. Unter diesen Bedingungen ist das Navigieren extrem schwierig. Trotzdem findet die Crew den Kurs schnell hinaus aufs Meer. Sobald die Sonne aufgegangen ist, ist es allerdings so hell, dass die Sterne nicht länger ausfindig zu machen sind, selbst wenn die Wolkenschwaden einen Blick auf das Firmament freigeben. Der Mond jedoch ist noch zu sehen, so dass Manning mittels Berechnungen auf Grund der Stellung von Sonne und Mond festlegen können müsste, dass sie nicht mehr als hundertfünfzig Meilen von Burbank entfernt sind. Eine Abweichung von dreißig Meilen gilt als normal. Keinem Navigator auf der ganzen Welt ließe sich daraus einen Strick drehen.

Manning verfehlt auf seinem Rückflug Burbank um zwanzig Meilen und bleibt damit innerhalb der Norm der zulässigen Standardabweichung. Wäre Burbank eine winzige Insel im Pazifik, denken aber alle, die das Ergebnis vernehmen, würde es ihm dann nicht gelingen, sie zu finden. Eine Peilantenne scheint ihnen also lebensnotwendiges Utensil zu sein. Und die haben sie. Dennoch sind G. P. und Mantz von Manning nach diesem Flug noch weniger überzeugt, als sie es ohnehin schon waren.

Zurück am Boden, wird G. P. eine Nachricht in die Hand gedrückt. Ein gewisser Bill Miller wartet in Oakland auf seinen Rückruf. Miller will wissen, wie der Test verlaufen ist. G. P. erklärt, dass Gurr das Radiosystem geprüft habe und keinerlei Zwischenfälle aufgetreten seien. Mannings Navigationsversuch, mittels Himmelskörper die Richtung zu bestimmen, sei allerdings unpräzise ausgefallen. Miller erzählt ihm daraufhin, dass er einen erfahrenen Navigator an der Hand habe. Er heißt Fred Noonan, ist dreiundvierzig Jahre alt und hat sein Handwerkszeug bei PanAmerican Airways gelernt, für die er insgesamt sieben Jahre lang gearbeitet hat. Er gilt als einer der besten Navigatoren weltweit. Falls G. P. Interesse habe, könne er einen Termin mit Noonan vereinbaren, der in Oakland lebe. G. P. will diesen Fred Noonan auf jeden Fall kennen lernen. Er will noch am selben Tag mit Amelia nach Oakland aufbrechen.

Das Vorhaben, die Erde zu umrunden, steigert sich dem Höhepunkt entgegen. Alle bürokratischen Hindernisse sind aus dem Weg geräumt, die amtlichen Erlaubnisse liegen vor. Auf Hawaii darf Amelia den amerikanischen Militärflughafen Luke Field nutzen, die Landebahnen auf Howland Island stehen kurz vor der Fertigstellung, Navy und Coast Guard sind mit dem Bendix-Radiosystem vertraut und etliche Dosen Tomatenjuice unterwegs nach Honolulu sowie auf Howland Island, wo die Maschine auftanken soll. Werbung, Buchvertrag, Vortragstouren und Souvenirs – alle Vorbereitungen sind getroffen. Amelia Earharts Fluggepäck, das speziell für sie designt wurde, steht bereit. Sie wird mit einem Amelia-Earhart-Overnight-Case in die Electra steigen. Neun Sonnenbrillen hat sie dabei, deren Hersteller die Werbeverträge unterschrieben haben, und selbst ihre neue Küche in Hollywood muss für Werbefotos herhalten. Fehlt nur noch der Navigator. Wenn Noonans Nase ihm passe, will G. P. ihn anheuern.

Fred Noonans Nase passt ihm. Vier Tage vor dem Start kommt er ins Team. Um Manning nicht ganz vor den Kopf zu stoßen, entscheidet G. P., Manning solle aus Sicherheitsgründen gemeinsam mit Noonan die gefährliche Strecke von Honolulu bis Howland Island übernehmen.

Fred Noonan ist ein attraktiver Mann. Groß, schlank, dunkelhaarig, mit Clark-Gable-Bart. Trotz seiner dreiundvierzig Jahre wirkt er sehr jung. Er hat einen durchtrainierten Körper und Haare, die keinerlei graue Strähnen aufweisen. Tiefgründig schaut er seinen Gesprächspartnern in die Augen. Sein Lächeln wirkt überlegen, was Amelia überhaupt nicht mag. Dass PanAm ihn nach sieben Jahren gefeuert hat, weil er ein Alkoholiker ist, hindert den Verleger nicht, ihn ins Team zu holen. Er hält Noonan trotzdem für fähiger als Harry Manning. Und er hat gegenüber jedem anderen den Vorzug, dass er nach dem Rauswurf bei PanAm frei ist und bezahlbar.

Einen Alkoholiker wolle sie nicht an Bord haben, schleudert Amelia ihrem Mann entgegen, als dieser sich für Noonan stark

*Amelia präsentiert sich öffentlichkeitswirksam mit ihrem Mann und der
Filmschauspielerin Mirna Loy (1937) für ihre geplante Erdumrundung*
(Foto: Keystone Pressedienst, Hamburg)

macht. Nach endlosen Diskussionen setzt sich G. P. doch durch. Sie könnten keinen Besseren mehr bekommen, meint er, und Noonan beteuere schließlich, dass er trocken sei.

Der Start steht kurz bevor. Carl Allen reist an, um für die Reportage über die Vorbereitungen zu recherchieren. Er trifft Amelia und George beim Frühstück im Hotel in Oakland. Sie wirkte müde, sagt er später. Ein Stapel frankierter Briefumschläge liegt vor ihr. Als Amelia nach ihrem Orangensaft greifen will, schiebt G. P. ihr Glas zur Seite und erinnert seine Frau an ihr Versprechen. Allen will wissen, was das für ein Versprechen sei. Amelia müsse vor dem Frühstück zehn Umschläge signieren, antwortet er. Die nächsten fünfundzwanzig seien danach fällig, und die letzten fünfundzwanzig abends vor dem Einschlafen. Und das jeden Tag – fügt er mit Bestimmtheit hinzu und geht.

Die ganze Atmosphäre ist frostig. Während Allen seine Arbeit macht, beginnt Amelia zu erzählen, sie sehne sich zurück nach der Cochran-Ranch, auf der sie wunderbar erholsame Tage verbracht habe. Dieser ganze Rummel um ihre Person nerve und belaste sie momentan ganz fürchterlich.

Wenige Tage später bricht sie trotzdem nach Hawaii auf. Aber nicht sie startet die zweimotorige Lockheed Electra, sondern Paul Mantz, der später berichtet, sie habe einfach keine Lust gehabt, sich ans Steuer zu setzen.

Luke Field, Honolulu, 20. März 1937. Der Militärflugplatz hat ein großes Flugfeld mit einigen Hangars am Rand. Amelia sitzt mit Lederhose und Seidenbluse in ihrem silbernen Flugzeug, das sie liebevoll ihr Schiff nennt. Startklar zum Weltflug in westlicher Richtung. Fred Noonan ist zusammen mit Manning bereits an Bord, obwohl es ihr immer noch nicht recht ist, dass er dabei ist. Manning hat in der Nacht zuvor wieder getrunken. Das gibt den Ausschlag. Er soll auf Howland Island endgültig das Flugzeug verlassen, so hat sie es beschlossen. Die Nase des silbernen Vogels weist bereits zur Startposition. Um

März 1937: Die Welt blickt gebannt nach Hawaii. Von hier aus sollte die Erdumrundung starten, das bislang größte Projekt Amelia Earharts und ihrer ungeliebten Crew. V. l. n. r.: Paul Mantz, Technischer Leiter; Navigatoren Harry Manning und Fred Noonan. (Foto: ap, Frankfurt am Main)

die 4 900 Liter hochexplosives Flugbenzin hat sie zwischen sich und Noonan gebunkert. Sie startet die Motoren, der silberne Vogel schießt über die Startbahn. Sie muss gut zwei, drei Kilometer Anlauf nehmen, um auf die maximale Geschwindigkeit zu kommen, die fürs Abheben notwendig ist.

Gerade als alle Welt den Atem anhält, weil der Start bevorsteht, passiert das Unglaubliche. Die Maschine schaukelt über die Startbahn, als sei die Pilotin und nicht der Navigator stockbetrunken. Der Vogel bricht aus, das Fahrwerk und die linke Tragfläche knicken weg, der Rumpf schlittert übers Feld und eine Stichflamme schießt in die Luft. Die Sirenen der Feuerwehr heulen auf. Panik bricht aus. Geistesgegenwärtig schließt die Pilotin die Ventile der Benzinleitungen und verhindert damit die Katastrophe. Die Maschine explodiert nicht. Alle drei Insassen bleiben unverletzt.

Kreidebleich klettert Amelia aus der Luke. Ihre Lippen beben. Ihre Stimme zittert und die blonden Locken fallen verschwitzt in ihr bleiches Gesicht. Er habe niemals eine coolere Reaktion und solche Nerven wie Drahtseile erlebt, gesteht ein leitender General der Army. Zwei Stunden später sitzt Amelia im Auto und wird zum Haus von Chris Holmes an den Strand von Waikiki gebracht, wo sie sich in den letzten Tagen vor dem Start aufgehalten hatte. Sie schreibt relativ gelassen ihren Bericht für »Herald Tribune«, obwohl ihr der Schreck noch in den Gliedern sitzt, und telefoniert anschließend mit G. P., der bereits Bescheid weiß und sie und ihr silbernes Schiff mit dem nächsten Matson Liner nach Kalifornien zurückholt.

Der Weltflug ist nicht mehr zu stoppen. Sie muss fliegen. Jetzt erst recht. Die Presse ist nämlich gnadenlos. Und es geht um Geld. Hunderttausend Dollar hätte sie dann in den Sand gesetzt, das sind umgerechnet auf heutige Maßstäbe 1,5 Millionen Dollar.

Die Reparaturen an der Unglücksmaschine sind aufwändiger, als anfänglich angenommen. Erneut müssen Sponsoren aufgetrieben werden, um den Haufen Schrott, der in Kalifornien ankommt, wieder zusammenzusetzen. Amelia selbst fährt nach Indian Palms zu Jackie Cochran. Sie muss mit der Freundin reden. Sie hoffe, sie wage keinen zweiten Versuch, wird Jackie ihr sagen. Doch Amelia lässt alle Einwände ungehört. Sie wagt ihn: »Just one more flight.« Sie meint keine andere Wahl zu haben. Obwohl sich ihr der Magen umdreht, wenn sie nur an das Vorhaben denkt. Sie muss den Weltflug vollenden. Und nicht nur das. Sie muss auch Fred Noonan mitnehmen. Ihr Mann und Paul Mantz bestehen darauf. Manning hat die Crew mittlerweile verlassen. Seine Freistellungsfrist von US-Lines läuft ab, bevor die Electra repariert ist.

Kurz vor ihrem 40. Geburtstag posiert Amelia mit ihrem verhassten Navi-
gator Fred Noonan vor dem Flugzeug Lockheed Electra, mit dem sie im Juli
als erste Frau die Erde umfliegen will. Ihr strahlendes Auftreten trügt: Sie
will nicht mit dem Alkoholiker Noonan an Bord gehen, wozu sie ihr Mann
aber drängt. (Foto: ap, Frankfurt am Main)

Amelia, die immer tat, was sie wollte, wird jetzt noch einmal tun, was sie für richtig hält. Sie beschließt über die Köpfe aller Beteiligten hinweg, Teile ihres Radiosystems nebst Morsetaste und Peilantenne auszubauen, weil weder sie noch Noonan das Morsealphabet beherrschen. Keiner wird es bemerken. Und als es doch einer merkt, vergisst er, der Coast Guard vor Howland Island Meldung darüber zu erstatten. Die Lockheed Electra wird schließlich nach Maimi in Florida gebracht, wo der Flug demnächst starten soll.

11. Kapitel

Die gottverlassene Sandbank

Just one more flight.« Carl Allen schätzt ihre Chancen fifty-fifty ein. Er meint damit die Wahrscheinlichkeit, dass Amelia diese gottverlassene Sandbank im Pazifik, dieses Howland Island, finden werde. Auf Grund der fortgeschrittenen Zeit, inzwischen ist es Mai, will sie beim zweiten Versuch, die Welt zu umkreisen, in östliche Richtung aufbrechen. Die Wetterverhältnisse sprechen dafür. Howland Island soll jetzt nicht mehr erstes Etappenziel sein, sondern eines der letzten, bevor sie ins Pantheon der amerikanischen Flugpioniere hineinfliegen will. Sofern sie die Sandbank trifft. Ein winziges Pünktchen mitten im größten aller Ozeane, nicht größer als der Flughafen von Cleveland.

Vieles spricht dafür, dass die kühne Pilotin seit ihrem Crash vor zwei Monaten alles andere als siegesgewiss ist, was ihren großen Flug angeht: Sie klagt über Kopfschmerzen, hat sogar

Angst, zu fliegen. Und sie äußert Angst vor dem Älterwerden. Demnächst wird sie vierzig. Eine denkwürdige Hürde im Leben einer jeden Frau. Für eine Pilotin ein extrem fortgeschrittenes Alter.

Noonan, den sie verabscheut, lädt sie Tage vor dem Flug zum Fischen ein, und sie sagt Ja, obwohl sie lieber Nein sagen würde. Er erinnert sie an Edwin. Dieses Draufgängerische in den Augen und dieser spöttische Zug um die Mundwinkel, wenn er sein Gegenüber ansieht und eine Sekunde länger schweigt, als es angemessen wäre, verflucht sie. Dass er von seiner mexikanischen Frau geschieden ist, überrascht sie nicht. Auch nicht, dass er vor kurzem in einen schweren Verkehrsunfall verwickelt war und seine neue Herzensdame fast um Kopf und Kragen gebracht hätte. Amelia würde ihre Hand dafür ins Feuer legen, dass er den Wagen, in dem die beiden saßen, betrunken gesteuert hat. Und diesen Idioten soll sie mitnehmen, hatte sie gedacht, als sie von dem Unfall erfahren hatte.

Sie staunt über sich selbst, dass sie nun hier draußen ist und mit ihm Fische angelt. Owohl sie seine Anwesenheit nicht schätzt, genießt sie diesen Tag in stiller Ruhe. Ohne G. P.s geschäftstüchtige Offerten, die so kurz vor dem Flug wieder anschwellen. Natürlich hat er recht. Von welchem Geld sollte sie ihren letzten Rekord bestreiten, wenn seine Sponsoren nicht wie Marionetten an den Fäden hingen? Und damit sie so schön funktionieren, sagt sie ihre üblichen Sätze, lächelt sie fürs Foto, trägt sie ihre Küche zu Markte, obwohl sie ihn vor Jahren beschworen hatte, der Öffentlichkeit keine privaten Einblicke zu gestatten. Sie muss naiv gewesen sein. Unschuldig und ahnungslos. Die gottverlassene Sandbank geht ihr nicht aus dem Kopf. Ob Allen sich irrt und ihre Chancen schlechter stehen als fifty-fifty, überlegt Amelia, während sie ihrem Navigator beim Fischen zusieht.

Die ganze Welt fürchtet den Ausbruch des Zweiten Weltkriegs, und Amelia sitzt im sonnigen Florida beim Angeln. Wartet darauf, in Kürze ihre Mission zu vollenden, von der sie nicht weiß, wie sie zu stoppen wäre. Seit Wochen spielt sie die verschiedenen Versionen gedanklich durch, die das Leben bereithielte, würde sie Nein sagen. G. P. hat einen Termin beim Zahnarzt für sie vereinbart. Wegen der Kopfschmerzen. Als ob die davon weggingen. Und ein Dinner wartet auf sie, bei einem seiner Geschäftsfreunde in Miami. In dessen Beach House. Sie weiß jetzt schon, wie der Abend verlaufen wird. Sieht die Ladys der Gesellschaft, tiefdekolletiert und mit Brillanten behängt, ein Glas in der Hand, um sich daran festzuhalten. Am liebsten würde sie im Hotel bleiben und schlafen. Doch G. P. wird darauf bestehen, dass sie ihn begleitet. Weil sie der Ehrengast ist. Miss Earhart. Wie reizend. Wie immer reizend.

Am 31. Mai 1937, es ist ihr letzter Tag, bevor sie abhebt, fahren sie und G. P. zum Airport, um sich bei den Mechanikern zu bedanken, die ein letztes Mal Hand an die zweimotorige Lockheed Electra gelegt haben. Die Sonne steht hoch am Himmel. Es ist heiß. Sie treffen auf Noonan, der gekommen ist, um sich von seinen früheren Kollegen zu verabschieden. Er hält eine Tüte in der Hand, von der Amelia vermutet, sie enthalte Flaschen mit Alkoholischem. Was er mit sich herumtrage, will sie von ihm wissen. Zwei Sonnenbrillen, lautet die verblüffende Antwort. Er habe sich auf dem Weg zum Flughafen auf seine Brille gesetzt, die das natürlich nicht überlebte, erklärt er. Daraufhin habe er sich zwei neue Modelle zugelegt. Dieser Idiot, schießt es Amelia durch den Kopf, setzt sich tatsächlich auf seine Sonnenbrille. Was in aller Welt soll sie mit einem Navigator anfangen, der sich auf seine Brille setzt? Die Vorstellung ist so atemberaubend, dass sie sie nur noch verdrängen kann.

Einen Tag später sitzen beide im Flugzeug. 5.56 Uhr, Miami Airport, Florida, 1. Juni 1937. Fünfhundert Menschen sind gekommen, um sie zu verabschieden, als sie im Angesicht der Morgenröte abhebt. Der Start gelingt perfekt. Der silbergraue

Vogel legt sich in die Kurve und schwenkt nach Süden, Richtung Lateinamerika. G. P. atmet auf. Der geglückte Start ist bitter notwendig, um ihr das alte Selbstvertrauen mit auf den Weg zu geben. Wenn alles gut geht, erwartet er sie in vier Wochen zurück.

Von nun an ist das ungleiche Paar Amelia Earhart und Fred Noonan mit sich und seinen Ängsten allein. Beide haben Angst, obwohl sie solche Gefühle gut zu überspielen wissen. Er fühlt sich unwohl mit dieser wahnwitzigen Frau, die ihn ihre Überlegenheit unaufhörlich spüren lässt. Er verabscheut starke Frauen, wie sie eine ist. Und sie hasst schwache Männer wie ihn, die sich in Alkohol flüchten, statt ihr Leben in die Hand zu nehmen. Welten liegen zwischen dem Paar, das zur Zeit einzig durch randvoll gefüllte, riesige Benzintanks voneinander getrennt ist.

Sie sitzt im Cockpit und hält den Steuerknüppel fest umschlossen. Er befindet sich hinter den Tanks im Rumpf der Maschine, wo die Navigationsstation aufgebaut ist. Ohrenbetäubender, dröhnender Motorenlärm verhindert, dass sie miteinander sprechen. Sie hätten sich ohnehin nichts zu sagen. Und wenn sie sprechen müssen, wegen der Navigation, dann verständigen sie sich mit Hilfe von Zetteln, die sie an Wäscheklammern über eine Drahtleine hin- und herschieben. Noonan nerven einerseits die riesigen Benzintanks. Doch andererseits verhindern sie, dass er darüber nachdenkt, wie die starke Frau im Cockpit, der er sich ausgeliefert fühlt, mit ihren energiegeladenen Händen dieses riesige, zwölf Meter lange Schiff steuert. Oder wie sie den Ölstand kontrolliert.

Im Cockpit ist es glühend heiß. Die tropische Hitze versetzt den Kabuff, wie Amelia ihr fliegerisches Hauptquartier auf 1,50 Meter Länge nennt, in den Zustand erbarmungsloser Eingeschlossenheit. Stundenlang. Motorabgase dringen ein, wenn der Wind heftig drückt. Halb benommen kämpft Amelia dann gegen Magenkrämpfe an. Sie kommen trotzdem gut voran. Über Puerto Rico, Venezuela nach Brasilien. Fünf bis acht Stunden mindestens sind sie täglich in der Luft. Von Guyana bis nach Brasilien sogar zehn Stunden. Noonan darf nicht daran denken, dass sie den Dschungel Südamerikas überqueren, sonst wird ihm bei der Vorstellung, dort notlanden zu müssen, entsetzlich übel.

Am 7. Juni geht es von Brasilien über den Südpazifik nach Westafrika. Nicht enden wollende Ozeanweite. Die dreitausend Meilen bis St. Louis im Senegal legen sie in dreizehn Stunden zurück. Eine Strecke, die an die Substanz geht. Amelia klagt über Magenkrämpfe und Kopfschmerzen. In der Nacht findet sie kaum in den Schlaf, weil ihr primitives Ruhelager am afrikanischen Flugfeld Wanzen beherbergt. Sie lässt die ganze Nacht hindurch das Licht brennen, um die krabbelnden Ungeheuer zu vertreiben. Die Toiletten sind erbärmlich. Endlose Müdigkeit, als sie ins nahe gelegene Dakar weiterfliegen. Auch Noonan wirkt erschöpft. Von Dakar aus mühen sie sich eine knappe Woche quer über Afrika. Sandstürme toben. Qualvolle Flüge, unterbrochen nur von kurzen Zwischenstopps. Eine entsetzliche Hitze, einzig gemildert durch die geringe Luftfeuchte, liegt über dem heißen Kontinent.

Die Flughäfen sind primitiv. Motoren-Check-up. Statt zu schlafen verfasst Amelia die geforderten Berichte für »Herald Tribune«. Ihre Ankunft in Afrika hat die »New York Times« nur ganz knapp gemeldet, ganz hinten, auf Seite fünfundzwanzig. Erst als Eleanor Roosevelt in ihrer Sonntagskolumne erzählt, sie sei froh zu wissen, dass Amelia heil in Afrika angekommen sei, sie sei ihr wichtiger als Mensch statt als Rekordbrecherin, interessieren sich die Medien wieder mehr für Miss Earhart.

Am 15. Juni überquert die Electra das Rote Meer und landet in Karachi in Pakistan. Jacques de Sibour wartet dort, um sie in Empfang zu nehmen. Die Hälfte der anvisierten Weltflugroute, im Zickzackkurs am Äquator entlang, liegt hinter ihnen.

Die Rekordbrecherin und ihr Navigator hatten bislang göttliches Glück.

G. P. ist in New York, im Büro der »Herald Tribune«, und versucht, eine Telefonverbindung nach Karachi herzustellen. Das Telefonat mit Amelia soll aufgezeichnet und im Radio gesendet werden. Er will wissen, ob sie die Erste ist, die, vom Roten Meer kommend, über Arabien nach Karachi geflogen sei. Amelia ist überfragt. Später findet G. P. über die Britische Botschaft in Washington heraus, dass sie tatsächlich der erste Mensch ist, der diese Route flog. Trotzdem – zu wenig für eine Schlagzeile auf der ersten Seite. Die »New York Times« meldet Amelias Ankunft in Pakistan wieder nur ganz hinten.

Zwei Tage wollen die beiden Piloten in Karachi bleiben. Amelia Earhart und Fred Noonan erlauben sich ein kleines Touristenprogramm. Amelia reitet Kamele und Noonan bummelt durch die Stadt. Die Temperaturen sind unerträglich. Nicht bloß heiß wie in Afrika, sondern tropisch feucht. Typisch für den asiatischen Sommer. Die Regenzeit hat begonnen. Riesige Wolkenmassen türmen sich vor ihnen auf, als sie über Kalkutta und Rangun nach Singapor weiterfliegen. Von unterwegs meldet Amelia: »Personal troubles.« Sie leidet unter Brechreiz und ständigen Durchfällen. Es geht ihr so elend, dass G. P. sogar rät, sie solle sofort abbrechen. Doch Amelia fliegt weiter. Eugene Vidal und Paul Collins, die George in New York den Rücken stärken, vermuten, dass Noonan der Grund für ihre persönlichen Probleme sein könnte. Dabei ist unterwegs keinem aufgefallen, dass das ungleiche Paar miteinander im Streit liegt. Auch Sibour nicht, der in Karachi mit beiden länger zusammen war. Wenn wirklich Noonan der Stein des Anstoßes ist, dann, weil er trinkt.

Es ist unvermeidlich, dass er zur Flasche greift. Sie rasen durch Asien: über Indien nach Malaysia. Heftigste Monsunregen lassen den Lack von der Electra splittern. Der Ölstandsanzeiger ist defekt. Die Chronometer, die zur präzisen Navigation unerlässlich sind, ebenso. Das Gyroscop spinnt. Holländische Techniker sollen die Geräte überholen und den Ölstandsanzeiger austauschen, sobald sie auf Java in Indonesien eintreffen werden, erfahren sie in Singapur.

Noonan denkt an Howland Island, diese gottverlassene Sandbank im Pazifik. Wenn das Wetter jenseits von Lae auf Neuguinea, ihrem letzten Zwischenstopp, bevor sie in Richtung Howland Island abdrehen wollen, nicht schlagartig besser wird, weiß er nicht, wie sie diesen winzigen amerikanischen Flecken finden wollen. Amelia Earhart macht ihn mit ihrer Geschäftigkeit nervös. Die Hitze, die Sandstürme, der Monsunregen, die tropischen Verhältnisse ohne Klimaanlage, zu viel für einen Menschen wie ihn. Auf Java fühlt Amelia sich erbärmlich elend. Noonan sieht, wie sie krampfhaft versucht, ihre Übelkeit zu beherrschen.

Die Reparaturen an der Electra gestalten sich aufwändig. Nachdem sie bereits voreilig abgehoben haben, weil Amelia Earhart nichts als weg will, müssen sie wieder zurückkehren. Die Technik funktioniert immer noch nicht fehlerfrei. Drei Wochen sind sie bereits unterwegs. Zwanzigtausend Meilen liegen hinter ihnen. Geflogen in hundertfünfunddreißig Stunden extremen Ausnahmezustands. Noonan weiß nicht mehr, wohin mit seinen Beinen.

G. P. hat aus New York Druck gemacht. Sie sollten sehen, dass sie am 4. Juli zurück seien. Dann könnte ihre Story sonntags in den Zeitungen erscheinen. Am 4. Juli, am Nationalfeiertag, applaudiert Amerika sich selbst. Es gebe kein besseres Datum für ihre Heimkehr. Sie fliegen so schnell wie möglich über Port Darwin, in Nordaustralien, weiter und treffen am 29. Juni entnervt und gereizt in Lae auf Neuguinea ein. Dort erwartet sie endlich wieder ein Hotel. Mit einem Bett und einem richtigen Kopfkissen. In Lae wird J. A. Collopy, Distrikt Superintendent der zivilen Luftfahrt für Neuguinea, Zeuge von Noonans Alkoholexzessen. Noonan erzählt Collopy in betrunkenem

Zustand, er habe mit Amelia Earhart erhebliche Schwierigkeiten. Sie springe ziemlich arrogant und rücksichtslos mit ihm um. Am Tag vor dem Flug nach Howland Island, weiß Collopy später zu berichten, bleibt der Navigator trocken. Er rührt nicht einen Tropfen an. Doch Amelia überzeugt die kurzfristige Abstinenz ihres Begleiters wohl nicht. Wie von Panik ergriffen, versucht sie Harry Balfour, den Radiomechaniker von Neuguinea Airways, zu überreden, sie und Noonan bis Howland Island zu begleiten. Am 2. Juli wollen sie von Lae aus starten.

Während Amelia Earhart auf Harry Balfour einredet, beschäftigt sich Fred Noonan akribisch mit seinem Kartenmaterial. Es sind Karten der US-Regierung, denen er natürlich vertraut. Er kann nicht ahnen, dass Howland Island gut elf Kilometer zu weit nordwestlich eingezeichnet ist. Dramatischerweise lehnt Harry Balfour ab und kommt nicht mit. Amelia Earhart und Fred Noonan bleiben bis zum Schluss allein. Sie sind vom Schicksal dazu bestimmt, gemeinsam auf der gottverlassensten Sandbank der Welt zu landen. Unwirklich erscheint ihr der Gedanke, dass sie am nächsten Tag ins Flugzeug steigen wird, um mit einem Alkoholiker an Bord, der ihr Navigator ist, loszufliegen. Sie, die immer tat, was sie wollte, muss jetzt fliegen, obwohl sie nicht mehr will. Und er weiß nicht, wen er mehr verfluchen soll: den für Howland Island vorhergesagten wolkenverhangenen Himmel, der es unmöglich macht, nach Himmelskörpern zu navigieren, oder diese Frau, die ihren Unmut gnadenlos und mit kühler Überlegenheit an ihm auslässt.

Lae Airport, 2. Juli 1937. Flughafen ist zu viel gesagt. Es handelt sich eher um ein schlichtes Flugfeld mit viel zu kurzer Startbahn. Die Lockheed Electra ist bis unters Deck voll gepumpt mit Treibstoff. Selbst die Fallschirme hatten sie ausgeladen, um ihr Gewicht zu verringern. Noonan sitzt wie immer hinter den Benzintanks, fertig zum Start. Er träumt von Palmen, Frauen und Strand, was er sich gönnen will, sobald sie in den Staaten sind. Amelia denkt an Luke Field auf Hawaii. Für einen kurzen Moment sind die Bilder wieder ganz nah, als die Lockheed über die Piste schlitterte und die Stichflamme in den Himmel schoss. Ihre Hände zittern. Starke Nerven sind ihr bescheinigt worden. Wenn sie welche hat, und sie will sie haben, dann muss sie im nächsten Augenblick starten.

Um 10.22 Uhr Ortszeit jagt sie ihren Silbervogel die primitive Startbahn entlang. Im allerletzten Augenblick hebt die Electra ab. Die Propeller streifen leicht den Boden. Sie wirbeln eine rote Sandwolke in die tropische Luft. Die Motoren jaulen auf. Amelia reißt den Vogel nach oben und schießt über die Bucht hinaus aufs offene Meer. Pazifik.

In den USA warten alle auf die erlösende Nachricht, dass sie auf Howland Island gelandet ist. Der Präsident und seine Frau in New York, wo sie das Wochenende verbringen, Geoge Palmer Putnam in San Francisco. Er hat sich im Büro der Coast Guard einquartiert und sitzt am Radio. Amy in Hollywood und ihre Schwester Muriel mit Mann und zwei Kindern in Medford. Muriel soll sogar gegenüber der Presse gesagt haben, sie finde es schwieriger, zwei Kinder großzuziehen, als ein Flugzeug zu steuern. Und vor der Küste von Howland Island wartet Commander W. K. Thompson von der Küstenwache. Er dümmpelt seit einigen Tagen mit seinem weißen Schiff, der »Itasca«, neben dieser unglückseligen amerikanischen Sandbank, um die Pilotin mit allen technischen Möglichkeiten beim Landeanflug einzuweisen. Die Coast Guard in San Francisco rechnet damit, dass die Lockheed Electra unter Berücksichtigung der Zeitverschiebung in den frühen Morgenstunden des 2. Juli Howland Island erreichen wird.

Thompson flucht, weil er seit Stunden keine brauchbaren Signale reinbekommt. Alle Versuche, mit der zweiköpfigen Besatzung in Kontakt zu treten oder sich von ihr anpeilen zu lassen, schlagen fehl. Niemand hat ihm gesagt, dass Amelia

225

Earhart mit einem viel anspruchsloseren Equipment unterwegs ist, als der Coast Guard ursprünglich mitgeteilt wurde. Die Pilotin hatte Teile ihres Funkgeräts samt der acht Meter langen ausziehbaren Peilantenne in den Staaten zurückgelassen, was Thompson nicht weiß.

Er sendet und peilt auf vier Frequenzen, von denen die Electra drei überhaupt nicht mehr empfängt. Die »Itasca« erhält nie eine Antwort. Also versucht er in immer neuen regelmäßigen Abständen, den Kontakt herzustellen. Dabei war vereinbart worden, dass die Pilotin ihn auf 500 Kilohertz anpeilen sollte, damit er ihr den Kurs, auf dem sie sich befindet, durchgeben könne. In den frühen Morgenstunden gehen endlich Funksignale von ihr ein. Sie sind aber so kurz, dass er nie lokalisieren kann, wo das Flugzeug tatsächlich steckt.

Die Sicht ist an diesem Morgen wider Erwarten gut. Amelia Earhart und Fred Noonan sind, davon gehen spätere Berechnungen aus, zu diesem Zeitpunkt wahrscheinlich weniger als 160 Kilometer von Howland Island entfernt. Beide sind müde. Hinter ihnen liegt ein anstrengender Nachtflug. Obwohl die Electra mit einem Autopiloten ausgestattet ist, benutzt Amelia diesen nicht, sondern steuert selbst. Erleichtert registriert sie, dass bei Tagesanbruch der Himmel wolkenlos und die Sicht erstaunlich gut sind. Ihre Augen sind allerdings während des Nachtflugs stundenlang überanstrengt worden. Das Meer unter ihnen flimmert gleichförmig bis zum Horizont. Es ist unmöglich, im frühmorgendlichen Tropenlicht zu erkennen, wo die Sandbank wirklich liegt. Dabei hatte sie erwartet, bei Tagesanbruch Howland Island unter sich zu orten.

Um 7.42 Uhr gibt Amelia einen Funkspruch durch, der diesmal sogar bei Thompson eingeht. Auf S-5, der höchsten Empfangsqualität. Der Commander protokolliert: »Itasca« – Wir müssen über euch sein, doch können euch nicht sehen – Das Benzin geht langsam aus – Können euch nicht per Funk erreichen – Wir fliegen auf 1 000 Fuß Höhe.«

Thompson funkt sofort zurück. Auf allen Frequenzen, die sein Gerät zur Verfügung hat. Er funkt und lauscht, funkt und lauscht – und erhält keine Antwort.

Amelia hört ihn nicht. Um 7.43 Uhr sendet sie erneut: »Wir kreisen, aber können Eure Nachrichten nicht empfangen!« Ihre Stimme klingt laut und deutlich, als sei sie über ihm, doch der Silbervogel ist nirgendwo in Sicht.

Die »Itasca« versucht, mit dem Morsealphabet zu ihr durchzudringen. Kurz – lang. Das Morsezeichen für A. Thompson wartet und erhält abermals keine Antwort. Er ist ausgesprochen misslaunig wegen dieser Frau, die er als Amateurin beschimpft.

Gegen 8.00 Uhr kommt die Meldung: »Wir empfangen Euer Signal, aber können euch nicht anpeilen!« Thompson wird nervös. Sein anfänglicher Ärger weicht blankem Entsetzen. Angst steigt in ihm hoch.

Um 8.44 Uhr, der Funker steht gerade in Kontakt mit San Francisco, da dröhnt es aus dem Radio: »Wir sind auf Positionslinie 157–337 – Werden die Durchsage wiederholen – Wir werden die Durchsage auf 6 210 Kilohertz wiederholen – Wartet – Hören auf 6 210 Kilohertz.« Schrill und panisch schreit Amelia ins Mikrofon. Ihre Worte überschlagen sich.

Eiligst kritzelt Thompson die Sätze mit. Sein Schriftstück wird später im Nationalarchiv in Washington aufbewahrt werden, was er nicht ahnen kann. Er streicht durch, kritzelt, streicht wieder durch, schreibt neu. Ein einziges Gewirr von krakeligen Buchstaben entsteht auf seinem blütenweißen Block. Hinter »Kilohertz« schiebt er einen weiteren, kaum zu entziffernden Satz, den man später meist so gedeutet hat: »We are running north and south.«

Thompson funkt, als ginge es um sein Leben. Ohne Erfolg. Niemand hört ihn. Amelia Earhart und Fred Noonan kommen niemals auf Howland Island an. Harry Manning wäre vielleicht doch der bessere Navigator gewesen. Jackie Cochran hat sich fürchterlich geirrt. Keiner weiß, was in den nächsten Stunden wirklich passierte. Amelia gibt ihr Geheimnis bis heute nicht preis.

In San Francisco und Washington sind alle Beteiligten mittlerweile in größter Sorge. Die Hilfsaktionen laufen unverzüglich an. Roosevelt ruft sofort einen Krisenstab zusammen und schickt 4 000 Mann nach Howland Island, um Amelia Earharts Maschine zu suchen. Alle Hoffnungen richten sich auf den US-amerikanischen Flugzeugträger »Lexington«, der mit sechsundsechzig Flugzeugen an Bord ausläuft, sowie auf mehrere Zerstörer, ein Minensuchboot und auf die zehn Schiffe der Coast Guard, die zuerst an der vermeintlichen Stelle sind.

Nach einem Funksignal, das auf Honolulu eingeht, wird die Lockheed Electra 186 Kilometer von Howland Island entfernt zwischen Neuguinea und Hawaii auf offener See vermutet. Die US-Marine durchstöbert in den folgenden Tagen im Südpazifik annähernd 25 000 Quadratmeilen Wasserfläche, die unter amerikanischer Hoheit stehen. Ausgespart bleiben nur die Gebiete, die zu den japanischen Gewässern gehören. Jedes noch so kleine Riff, jede Insel werden abgesucht.

G. P. eilt währenddessen zur japanischen Botschaft in San Francisco und bittet darum, dass alle japanischen Schiffe Anweisung erhalten, bei der Suche nach seiner Frau mitzuhelfen. Er sollte auf seine Bitte nie eine Antwort erhalten.

Obwohl die Funksignale nach eineinhalb Tagen ganz verstummen, gibt in Amerika niemand die Hoffnung auf, Amelia und Noonan noch lebend zu bergen.

Amelia Earharts Story kommt wie geplant in die Zeitungen. Jetzt unter tragischen Vorzeichen. Die Presse widmet ihr die erste Seite. Pünktlich am Wochenende, so wie G. P. es wünschte. Und sogar darüber hinaus, denn die Suche nach dem Flugzeug und ihren Insassen dauert unvermindert an. Am 18. Juli 1937 wird die groß angelegte Hilfsaktion erfolglos eingestellt. Die Verantworlichen gehen davon aus, dass Amelia Earhart

Amelia Earhart verschwand im Juli 1937 spurlos vor Howland Island im Pazifik – ihr Mythos lebt weiter. (Foto: ap, Frankfurt am Main)

der Sprit ausgegangen und die Lockheed Electra in den Fluten des Pazifiks versunken ist.

G. P. ist bereits am 10. Juli mit seinem Sohn David in sein Haus nach Hollywood geflogen, in dem auch Amelia zur Ruhe kommen wollte. Er agiert auf seine Weise und macht aus ihren Berichten, die sie kontinuierlich von unterwegs verschickt hatte, ein Buch, das zu Weihnachten 1937 in den Läden liegt. Der Titel heißt »Last Flight« statt »World Flight«, wie ursprünglich geplant. Amelias letzter Bestseller.

12. Kapitel

Vom Mythos zur Legende

Sie flog als erste über den Atlantik. Zur Legende jedoch wurde Amelia Earhart, weil sie vor Howland Island spurlos verschwand. Bis heute wurden weder sie noch ihre Lockheed Electra gefunden, obwohl Roosevelt sechzehn Tage lang mit zehn Schiffen, sechsundsechzig Flugzeugen und viertausend Mann Besatzung nach ihr suchen ließ.

Ein simpler Absturz, weil sie die Sandbank verfehlte, zu banal für Amelia Earhart, der im Leben alles aufgegangen zu sein schien. Sie hat Maßstäbe und Grenzen verschoben. Kein Wunder, dass sie in den Köpfen der Amerikaner lebendig blieb. Sie wird zur Legende.

Richtig los geht die Legendenbildung allerdings erst, als 1943 der Hollywoodstreifen »Flight to Freedom«, mit Rosalind Russell und Fred MacMurray in den Hauptrollen, die Kinokassen füllt. Erzählt wird die fiktive Geschichte einer Pilotin, die auf einem Pazifikflug in geheimer antijapanischer Mission verloren geht.

Während die Cineasten passend zu den amerikanisch-japanischen Differenzen der vierziger Jahre ihren Film platzieren, deren Heldin nicht unbeabsichtigt an Amelia Earhart erinnert, entstehen die ersten Gerüchte, die Earhart sei 1937 für Roosevelt unterwegs gewesen, um die Krieg treibenden Japaner im Pazifik unter die Lupe zu nehmen.

Kaum sind die Gerüchte in Umlauf, folgen wilde Spekulationen. Trotz vehementer Dementis durch das Weiße Haus und skeptischer Kommentare der damaligen Zeitzeugen. Weder in amerikanischen noch in japanischen Archiven konnten jemals Hinweise gefunden werden, die auf ihre Spionagetätigkeit schließen lassen. Und trotzdem konnte nie die Theorie entkräftet werden, dass Amelia sich als Gefangene im Palast des japanischen Kaisers Hirohito aufhält. Sie soll Hirohito als Faustpfand gedient haben, damit die Amerikaner ihn nicht entmachteten.

Auch an einen todbringenden Absturz will von Amelias Bewunderern keiner so richtig glauben, solange die Lockheed Electra nicht gefunden worden ist.

Am wenigsten glaubt Amy an Amelias Tod. Sie ist bis ans Ende ihres Lebens davon überzeugt, dass ihre Tochter im Auftrag der Regierung unterwegs gewesen ist. Auf Grund der Brisanz des Unternehmens müsse es sich um einen mündlichen Auftrag gehandelt haben, für den es keine Belege gebe, glaubt Amy bis zum Schluss.

G. P. reagiert auf seine Art. Er lässt Amelia für tot erklären und heiratet achtzehn Monate nach dem Unglück vom 2. Juli 1937 seine dritte Frau. Er geht jedoch bis ans Ende seines Lebens allen Gerüchten nach, die besagen, dass Amelia am Leben ist.

Was auch immer passiert ist, bleibt ungeklärt. Seit damals wurden Expeditionen auf die Beine gestellt, die bis heute nichts von ihrem Reiz verloren haben. Ganze Teams fahnden mit großem Enthusiasmus nach den Resten des Wrack und Abenteurer verschiedenster Nationen versuchen, auf südpazifischen Inseln Amelia Earharts sterbliche Überreste aufzuspüren.

Auch die International Group of Historic Aircraft Recovery (TIGHAR) arbeitet seit 1988 daran, dem Geheimnis ihres Verbleibs auf die Spur zu kommen. Auf einem unbewohnten Atoll im Pazifik wollen sie sogar den Beweis gefunden haben.

Wenn deren Version stimmt, dann ist es Amelia Earhart am 2. Juli 1937 gelungen, sich auf Nikumaroro (vormals Gardner Island) zu retten. Nichts spreche jedenfalls dagegen, so die Auskunft des FBI, dass das 1990 von der International Group of Historic Aircraft Recovery auf Nikumaroro gefundene Utensil eines Navigators aus Earharts Lockheed Electra stammt. Die verschiedensten technischen Analysen des FBI hätten jedenfalls nichts Gegenteiliges beweisen können.

Was auch immer in Zukunft noch über Amelia Earhart zu Tage gefördert werden wird, eines steht unverrückbar fest: Amelia Earhart ist ein Symbol für die Frauen des 21. Jahrhunderts, denen die Gleichberechtigung mit den Männern nichts Außergewöhnliches, sondern selbstverständlich ist. Für diesen Sieg musste sie ihr letztes Abenteuer, den Weltflug, vollenden.

ANHANG

VITA

1897 Geboren am 24. Juli in Atchison/Kansas/USA als erste Tochter des Juristen Edwin Earhart und seiner Ehefrau Amy Otis Earhart.
1899: Geburt der Schwester Muriel

1902–1909 Atchison College Preparatory School;
Leben bei den Großeltern, Richter Alfred Otis und Amelia Harres Otis in Atchison;
Eltern in Kansas City und Des Moins/Iowa

1909–1916 Besuch verschiedener Schulen in Des Moins/Iowa, St. Paul/Minnesota, Chicago/Springfield

1915 Eltern leben getrennt;
Edwin zieht nach Kansas City, Amy nach Chicago.

1916 Abschluss der Hyde Park High School Chicago im Juni 1916; Eltern leben wieder zusammen in Kansas City.

1916–1917 Ogontz School in Rydal nahe Philadelphia/Pennsylvania zur Vervollkommnung des »guten Benehmens«

1917–1919 Hilfsschwester für das Kanadische Rote Kreuz am Spadina Military Hospital in Toronto/Kanada

1919–1920 Immatrikulation an der Columbia University New York im Studiengang Medizin

1920 Studienabbruch; Wiedersehen mit den Eltern in Los Angeles/Kalifornien;
Weihnachten 1920 Besuch einer Air-Show am Dougherty Airfield in Long Beach;
Sehnsuchtserlebnis Fliegen

1921–1922 Flugunterricht durch Neta Snook und Monte Montijo in Los Angeles/Kalifornien am Flugfeld von Winfield Bert Kinner

1922 Höhenrekord in Los Angeles über 14 000 Fuß

1923 Fluglizenz durch Federation Aeronautique International

1924 Scheidung der Eltern

1924–1928 Gelegenheitsjobs in Boston/Massachusetts: Erwachsenenbildung, Sozialarbeit, Verkaufsleitung für Kinners Flugzeug am Dennison-Airport

1928 Atlantikflug mit Wilmer Stultz und Louis Gordon von Neufundland nach Burry Port (Wales) als Passagierin; Mitglied von Zonta International in Boston als Sozialarbeiterin

1928–1937 Bestsellerautorin: »Twenty Hours, Forty Minutes«; »The Fun of it«; »Last Flight«

1929 Soloflug durch USA von Ost nach West als erste Frau der Vereinigten Staaten;
3. Platz beim ersten Frauenwettflug von Santa Monica/Kalifornien nach Cleveland/Ohio;
Redakteurin für das Magazin »Cosmopolitan«;
Lizenz als Transportpilotin;
Tätigkeit für Transcontinental Air Transport;
Gründung der »Ludington Line« zusammen mit Paul Collins und Eugene Vidal;
Gründung der Pilotinnenvereinigung Ninety-Nines; dort Posten als Präsidentin

1930 Geschwindigkeitsrekord für Frauen über 3 Meilen;
Mitglied von Zonta International in New York als Pilotin

1931 Hochzeit mit New-Yorker Verleger George Palmer Putnam;
Höhenrekord über 18 451 Fuß

1932 Soloflug über den Atlantik von Neufundland nach Londonderry (Irland)

1933 Bricht ihren Transkontinentalgeschwindigkeitsrekord von 1930;
Initiierung der »Boston–Maine Airways Airline«, heute Teil der »Delta Air Lines«;
Gründung einer Flugschule gemeinsam mit Paul Mantz und in Kooperation mit United Air Service

1935 Soloflüge Hawaii/Kalifornien und Los Angeles/Mexico-City/Newark

1936 Dozentin an der Purdue University/West Lafayette/Indiana

238

1937 Erdumrundung entlang des Äquators im Zickzackkurs; verschollen am 2. Juli 1937 bei Howland Island/
Pazifik

QUELLEN

Backus, Jean L.: *Letters from Amelia: An intimate Portrait of Amelia Earhart.* Boston: Beacon Press, 1982.

Earhart, Amelia: *»A Friendly Flight Across the Country«.* NYT Magazine (7/1931).

Earhart, Amelia: *»Flying and Fly-Fishing«.* Outdoor Life (12/1934).

Earhart, Amelia: *»Flying the Atlantic«.* American Magazine (8/1932).

Earhart, Amelia: *Last Flight.* New York: Harcourt, Brace and Company, 1937.

Earhart, Amelia: *»My Flight from Hawaii.«* National Geographic (5/1935).

Earhart, Amelia: *The Fun of It.* New York: Brewer, Warren & Putnam, 1932.

Earhart, Amelia: *Twenty Hours, Forty Minutes: Our Flight in the »Friendship.«* New York: G. P. Putnam's Sons, 1929.

Earhart, Amelia: *»Women's Status in Aviation«.* Sportsman Pilot (3/1929).

Morrissey, Muriel Earhart: *Courage Is the Price: The Biography of Amelia Earhart.* Wichita: McCormick-Armstrong, 1963.

Morrissey, Muriel Earhart: *»The Reminiscences of Muriel Earhart Morrissey«.* Oral History Collection of Columbia University, 1960.

Putnam, George Palmer: *Soaring Wings: A Biography of Amelia Earhart.* New York: Harcourt, Brace and Company, 1942.

Putnam, George Palmer: *Wide Margins: A Publisher's Autobiography.* New York: Harcourt, Brace and Company, 1942.

Southern, Neta Snook: *I Taught Amelia to Fly.* New York: Vantage Press, 1974.

LITERATUR

Angermann, Erich: Die Vereinigten Staaten von Amerika. München: Deutscher Taschenbuch Verlag, 9. Auflage 1995.

Bell, Nevin: *Amelia Earhart.* London: Albany Press, 1970.

Briand, Paul L. jr.: *Daughter of the Sky: The Story of Amelia Earhart.* New York: Duell, Sloan and Pearce, 1960.

Chapman Putnam, Sally; Stephanie Mansfield: *Whistled Like a Bird: The untold Story of Dorothy Putnam, George Putnam and Amelia Earhart.* New York: Warner Books, Inc., 1997.

Davis, Burke: *Amelia Earhart.* New York: G. P. Putnam's Sons, 1972.

Garst, Doris Shannon: *Amelia Earhart: Heroine of the Skies.* New York: Messner, 1950.

Goerner, Fred: *The Search for Amelia Earhart.* New York: Doubleday & Co., 1966.

Guggisberg, Hans: *Geschichte der USA.* Stuttgart-Berlin-Köln-Mainz: Kohlhammer, 3. Auflage 1993.

Hof, Marion: *Amelia Earhart: Als erste Frau über den Atlantik.* Trier: Verlag Kleine Schritte, 1989.

Kerby, Mona: *Amelia Earhart: Courage in the sky.* New York: Viking, 1990.

Kleinsteuber, Hans J.: *Die USA. Politik, Wirtschaft, Gesellschaft.* Hamburg: Hoffmann und Campe, 1984.

Knaggs, Oliver: *Amelia Earhart: Her last Flight.* Capetown: Timmins, 1983.

Long, Elgen M.; Marie K. Long: *Amelia Earhart: The Mystery Solved.* New York: Simon & Schuster, 1999.

Lovell, Mary S.: *The Sound of Wings: The Life of Amelia Earhart.* New York: St. Martin's Press, 1989.

Mendelsohn, Jane: *Himmelstochter.* Berlin: Rowohlt Verlag, 1999.

Rich, Doris L.: *Amelia Earhart. A Biography.* Washington-London: Smithsonian Institution Press, 1989.

Sautter, Udo: *Die Vereinigten Staaten. Daten, Fakten, Dokumente.* Stuttgart: Uni-TB, 2000.

Sautter, Udo: *Geschichte der Vereinigten Staaten von Amerika.* Stuttgart: Kröner, 1998.

Sautter, Udo: *Lexikon der amerikanischen Geschichte.* München: C. H. Beck, 1997.

Schmid, Max; Udo, Sautter: *USA.* Luzern: Reich Verlag, 1997.

Silberschmidt, Max: *Amerikas industrielle Entwicklung von der Zeit der Pioniere zur Ära von Big Business.* Bern: Francke Verlag 1958.

Smith, Elinor: *Aviatrix.* New York/London: Harcourt, Brace, Jovanovich, 1981.

Smith, Henry Ladd.: *Airways: The History of Commercial Aviation in the United States.* New York: Alfred A. Knopf, 1942.

Strippel, Dick: *Amelia Earhart: The Myth and the Reality.* New York: Exposition Press, 1972.

Thaden, Louise: *High, Wide and Frightened.* New York: Air facts Press, 1973.

Twain, Mark & Charles Warner: *The Gilded Age* (1873). New York: Plume Books, 1985.

Wade, Mary Dodson: *Amelia Earhart: Flying for Adventure*. Brookfield, Connecticut: Millbrook Press, 1992.

Ware, Susan.: *Still Missing: Amelia Earhart and the Search for modern Feminism*. New York: W.W. Norton and Company, 1994.

Wersich, Rüdiger B.: *USA-Lexikon*. Berlin-Bielefeld-München: E. Schmidt Verlag, 1996.

Wilson, Donald Moyer: *Amelia Earhart: lost Legend*. New York: Enigma Press, 1994.

PERSONENREGISTER

Mit ihren überlebensgroßen Figuren in knallbunter Farbigkeit, fröhlich und sexy, setzte Niki de Saint Phalle schwellende Formen weiblicher Fruchtbarkeit – gegen eine gewalttätige, technoide Männerwelt. Die kreative Aristokratin war Klosterschülerin, Fotomodell, Ehefrau und Mutter, bevor sie sich von allen gesellschaftlichen Zwängen löste, um bedingungslos Künstlerin zu werden.

Sie schoss sogar auf ihre Bilder – gegen Konventionen, gegen falsche Moral, gegen die Institution Kirche, gegen den Mann als Ursache allen Übels auf der Welt, gegen sich selbst. Sie war eine Terroristin der Kunst und einziges weibliches Mitglied der Nouveaux Réalistes.

Vom aufblasbaren Miniformat bis zu gigantisch großen, begehbaren Skulpturen mit Wohnräumen legen ihre Schöpfungen überall auf der Welt Zeugnis ab von den positiven Kräften einer kompromisslosen Künstlerin.

Monika Becker

»Starke Weiblichkeit entfesseln«
Niki de Saint Phalle
Originalausgabe

Econ | **ULLSTEIN** | List

Gala Dalí (1894-1982) ist die Muse der Musen. Ohne sie war der geniale Surrealist Salvador Dalí ein Nichts. Das wusste er – und sagte es auch. Sie war das zweite Ich eines Künstlers, für den Leben und Arbeit ohne ihre Liebe undenkbar waren. Als sie starb, schien auch er am Ende seines Lebens – und seiner Kunst.

»Sie hat mich in Trance versetzt und macht aus meinen Wahnideen mein Genie«, sagt Dalí selbst und empfindet es als großes Glück, von ihr beherrscht zu werden. Und sie nutzt egoistisch sein Talent, um auszudrücken, was sie will.

Die Liebe zwischen dem Künstler und der Muse ist geprägt von Unterwerfung und vollkommenem Ausgeliefertsein, aber auch von Hass und Zerstörung. Sie ist eine noch größere Exzentrikerin und Neurotikerin als er. Absolut narzistisch und diktatorisch, Tyrannin und Fee in einer Person. Sie ist Salvador Dalí.

Annette Seemann

»Ich bin alles!«
Gala Dalí
25 Abbildungen
Originalausgabe

Econ | **ULLSTEIN** | List

Sophie Scholl gehört zu den beeindruckendsten Frauen des 20. Jahrhunderts. Dennoch ist sie bisher kaum als eigenständige Person gewürdigt worden, sondern vor allem als ein Mitglied der Weißen Rose. Demgemäß konzentrierte sich die Betrachtung auf ihre letzten Lebensjahre. Doch was weiß man wirklich von dem Mädchen Sophie?

Barbara Leisner beschreibt erstmals Sophie Scholls Wesen in seiner Entwicklung: von der frühen Begeisterung für den Nationalsozialismus und Adolf Hitler bis zum aktiven Widerstand. Die Autorin hat nicht nur die Quellen neu erforscht, sie hat auch mit zahlreichen bisher noch kaum befragten Zeitzeugen gesprochen. Entstanden ist ein Buch von faszinierender Eindringlichkeit und bewegender Authentizität.

»Das Beeindruckende und Neue an Barbara Leisners Buch ist die Schilderung der Entwicklung, die Sophie Scholl durchmacht.«
Kölner Stadt-Anzeiger

Barbara Leisner

»Ich würde es genauso wieder machen«
Sophie Scholl
Mit zahlreichen, zum Teil erstmals veröffentlichten Fotos
Originalausgabe

»Ein lesbares und faszinierendes Porträt, das nicht nur junge Menschen und nicht nur Frauen bewegen wird.«   amazon.de

Econ | ULLSTEIN | List

Paula Modersohn-Becker gehört zu den ganz Großen der Malerei des 20. Jahrhunderts. Ihre künstlerische Heimat ist für viele Jahre die Malerkolonie Worpswede, aber sie will mit ihren Bildern immer weit über die romantisch-rückwärtsgewandte Kunst hinaus. Sie sucht das Neue, lehnt Weichzeichnung ab, weil sie spürt, dass sie sich dem gerade anbrechenden Jahrhundert stellen muss. Paula verlässt die Idylle und geht nach Paris. Dort findet sie zu ihrer Kunst: Sie malt expressionistisch, experimentiert mit Farben und Formen. Und sie provoziert, stellt sich selbst als nackte Schwangere dar ... Die Kritik reagiert vernichtend. Sie verkauft Zeit ihres Lebens kein einziges Bild. Doch das spornt sie nur zu Höchstleistungen an. Sie weiß, sie kann Großartiges leisten. Monika Keuthen zeichnet ein wunderbares Bild der Paula Modersohn-Becker, so kraftvoll und facettenreich wie ihre Gemälde.

Monika Keuthen

»... und ich male doch!«
Paula Modersohn-Becker
25 farbige und schwarz-weiße
Abbildungen
Originalausgabe

Econ | **ULLSTEIN** | List

Der moderne Tanz wurde von einer Frau geschaffen – von der sagenumwobenen Isadora Duncan. Sie war die erste, die sich nach den großen klassischen Musikwerken auf eine ganz neue Art bewegte – ganz weiblich und frei. Isadora Duncan wollte stets provozieren und schockieren. Sie wagte sich fast nackt auf die Bühne – und das im puritanischen Amerika. Ihr ganzes Leben kämpfte sie für die freie Liebe und lehnte sich gegen die verhaßten bürgerlichen Konventionen auf. Ihr Leben verlief tragisch: All ihre Kinder starben, ihr Ehemann Sergej Jessenin beging nach ihrer Trennung Selbstmord. Isadora selbst verunglückte bei einem Autounfall in Nizza – ihr weißer Schal hatte sich in den Speichenrädern ihres Bugattis verfangen ...

Jochen Schmidt

»Ich sehe Amerika tanzen«
Isadora Duncan
23 Abbildungen
Originalausgabe

Econ | **ULLSTEIN** | List

R21

Marlene Dietrich, der Weltstar, die Legende unseres Jahrhunderts – die Beine, die Stimme, die schillernde und unnahbare Erotik, Objekt von Kitsch, Kult und Mode für drei Generationen. Die Dietrich, die 1992 einsam in Paris starb, ist in aufreizender Weise noch immer da. Steven Bach, der mit Marlene in ihren letzten Jahren befreundet war, legt nach jahrzehntelangen Recherchen eine Biografie vor, die so genau und erschöpfend ist wie keine zuvor. Bewundernd und kritisch zugleich, hinreißend geschrieben, leidenschaftlich und kühl. In diesem Buch wird die erregende Epoche der Dietrich wieder wach. Sie war ein Genie und eine Kämpferin voller Menschlichkeit. Marlene war einsam auf kalten Gipfeln, doch ihren Witz und Lebensmut hat sie nie verloren.

Steven Bach

»Die Wahrheit über mich gehört mir«
Marlene Dietrich
31 Abbildungen

»Bewegend und einfühlsam erzählt.«   Augsburger Allgemeine

»Empfehlenswert«   Profil

Econ | **Ullstein** | List